硅谷创投女王的
精神和物质双独立法则

by
MAGDALENA
YESIL

[土耳其] 玛格达琳娜·耶希尔 著　王含章 译

POWER
UP
How Smart Women
Win in the
New Economy

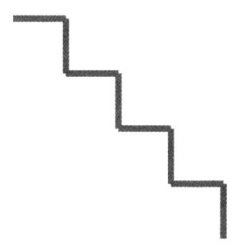

九州出版社
JIUZHOUPRESS

献给沃基安·耶希尔。

他比任何人都信任我，

之前没有之后也不会再有。

谢谢您，爸爸，

感谢您赐予我自信的天赋，感谢您教会我无论多么艰难都要靠自己站起来。

我会永远珍惜我们在一起的18年。

序 言

玛格达琳娜·耶希尔（Magdalena Yesil）请我为《向上一步》写序时，我的第一反应是："你确定吗？这是一本关于女性如何在当今商界取得成功和获取话语权的书，难道你不觉得由一位打破'玻璃天花板'①的女性来写更为合适吗？"

玛格达琳娜态度坚决："不，你来写最合适。毕竟性别问题不仅是女性问题。"当然，这是事实，我无法否认。玛格达琳娜的故事要从赛富时（Salesforce）成立之初讲起，她协助我们完成了公司的创建，帮助公司在网络泡沫破灭中幸存下来，并襄助公司通过首次公开募股（IPO）上市。

和玛格达琳娜的第一次见面是在1994年。她很快就成了我的朋友、顾问，并成为赛富时的第一位投资者，因为她理解我们的愿景。我们要用一种新的技术模式——云交付商业软件——彻底颠覆软件行业。这是一种新的商业模式，以订阅的方式购买软件。与此同时，这也是一种新的综合慈善模式，我们将拿出赛富

---

① "玻璃天花板"效应是一种比喻，指的是设置一种无形的、人为的困难，以阻碍某些有资格的人（特别指女性）在组织中上升到一定的职位。"玻璃天花板"一词出现于1986年3月24日《华尔街日报》（The Wall Street Journal）的"企业女性"专栏当中，用来描述女性试图晋升到企业或组织高层所面临的障碍。——译者注（本书脚注除特别说明外均为译者注）

时1%的产品、1%的股权和员工1%的时间帮助非营利组织完成它们的使命。

她眼光敏锐、行事果决。当她认为扩张公司、引入新的投资者的时机到了，会直截了当地告诉我，就连我离开工作了13年的甲骨文（Oracle）公司也是她的建议。我在自己的书《云攻略》（Behind the Cloud）中讲述了这些故事，而在本书中这些故事将以玛格达琳娜的视角讲述。坦率地说，在我职业生涯的关键时刻，我听从了玛格达琳娜的建议，她无所畏惧、敦本务实的精神令我敬佩不已。1999年，公司成立之初，我们只有10个人，挤在旧金山的一个小公寓里办公。现如今赛富时是《财富》500强公司，拥有25000多名员工及遍布全球的15万客户。

虽然玛格达琳娜有许多广为人知的职场故事和成功案例，但真正让我敬佩的不是她的工作能力，而是她的个人经历。玛格达琳娜20世纪70年代末从土耳其移民到美国，发愤图强，书写了独一无二的美国梦传奇。凭借着毅力、决心和坚定的信念，玛格达琳娜成功进军科技行业，而后又转入风险投资行业，要知道当时没有多少女性从事风险投资。

一个更加多元化和更具包容性的工作场所对于研发最具创新性的产品和打造最成功的公司来说至关重要。科技行业经常因缺乏多样性而受到抨击，尤其是在领导和技术岗位上女性和少数族裔机会甚少。世界经济论坛（World Economic Forum）估计，全球女性要达到与男性平等的工资水平，还需要170年的时间。

在《向上一步》中，玛格达琳娜分享了她以及其他成功女性的经验，供处于各行各业、各个事业阶段的女性参考。基于她毫不畏惧的态度和在硅谷激烈的竞争环境中摸爬滚打的经验，玛格达琳娜就以下问题给出了一些建议：如何处理性别偏见、如何了解自己的价值、如何承担风险以及如何从失败中恢复。她认为，未来的工作场所应该由男性和女性共同打造，且男性和女性应该互相理解、互相关照。

《向上一步》给出了一些实用的建议和启发，可以激发你的好胜心和潜力来掌控自己的事业。我可以保证，玛格达琳娜对你的职业生涯一定会有所帮助。

马克·贝尼奥夫（Marc Benioff，
赛富时的创始人兼 CEO）

前言　进入男性领地的女性

2015 年秋,我作为主持人参加了在土耳其安塔利亚(Antalya)举行的二十国集团(G20)领导人第十次峰会。来自世界二十大经济体的总统、总理、财政部长、劳工部长以及领先的战略研究机构齐聚一堂,讨论全球金融问题。这是二十国集团首次把创新和技术提上议程,因此创新峰会受到各方关注。

除了主持峰会外,我还应邀参加了如何在全球经济增速放缓的形势下帮助中小企业实现快速发展的小组讨论。

小组讨论结束后,主持人邀请听众提问。第一个问题是问我的,但和中小企业没有任何关系。这个问题是:我是否因为女性身份在硅谷遇到了困难和挑战。

我一点儿也不惊讶。在我 30 年的职业生涯中,这已经不是我第一次在商业论坛上被问到关于性别的问题。

我回应说,我想不出有哪一扇门因为我是女性就永远对我大门紧闭——事实上,在男性占主导地位的技术世界里,女性的身份反而为我打开了许多扇门。同样,作为一名女性,我也要克服许多痛苦的挑战,而且往往是孤军奋战,但我从来不把注意力放在这上面。

下一个发言的是小组中的另一位女性,德国代表团的领军人。她说她刚刚完成了一项针对世界各地中小企业的多年研究,并列举了一长串数据说明阻碍女性发展的障碍，包括获得初始资本和成长资本的渠道有限、在公司担任高层管理的机会有限、社交圈有限（由于被排除在基于性别的社交活动之外）等。

小组讨论结束后，她立刻追上来说："你知道吗？听完你的发言，我不禁想到，作为一名女性，你之所以可以在男性主导的社会中取得成功是因为你根本不在意我说的那些统计数据和事实。实际上，你已经完全忽略了这些东西。你潜意识里认为你的工作机会和其他人一样多，甚至更多。"

她说得没错，她的话完美概括了我作为一名女性在硅谷取得成功的关键。如果我一直想着我是少数群体，要面对众多的对手，冒着被歧视的风险，我可能就没有勇气去和那些最优秀的人竞争。就像骑摩托车时，我不会忽视可能会让车打滑的石头和碎片，但我的注意力也不全在它们身上。我只是时不时地扫一眼地面，以顺利前行。如果一直担心被绊倒反而会成为我的负担。

在峰会的那天我意识到，在关于性别的讨论中，一些重要的东西有时会被忽视：性别很重要，但不能过度关注。如果过于看重性别，我们自己和其他人的关注点可能就不再是我们的成就而是我们的性别。我相信，这也是硅谷许多成功的女性拒绝出现在本书的一部分原因。有些人给了充分的理由拒绝我，有些人只是简单回绝，但我在她们的回复中总是听到同样的信息："我之所以有现在的成就不是因为我女性的身份，而是我一直在努力做到最好。我的成功源自我的智力、努力以及毅力。我从不让我的性别定义我,现在也是如此。"

我非常理解她们,因为我也是同样的立场。我总是表现得好像(事实上我也相信)我不在意我的性别,而且不管别人怎么想,我在男性空间和女性空间中都可以找到归属感。然而事实是,在我开始自己的职业生涯30年之后,女性在技术领域所遭受的限制几乎没有改变,这让我意识到,是时候让我们这些已经成功的人站出来,明确地、公开地支持下一代女性,帮助她们在这个艰难的领域取得成功。这意味着我们承认在新经济环境下,女性和男性是不同的,女性有独特的挑战需要自己克服。

我说我觉得自己属于任何空间这话是认真的。有一次,公司董事会因为一个特别重要的议题召开了一次会议,此次会议关系到公司的命运,而我是参会的唯一一位女性。会议紧张而激烈,几乎持续了一整天。而后一位男士要求暂停,休息一下。

我们一起走入走廊时我正热情洋溢地表达着自己的看法。然后这位男士拉开一扇门,我们一起走了进去。

进去之后,突然间所有的目光都聚集到我身上。有那么一瞬间,我在想是不是我说得太离谱了,或者太复杂了他们理解不了。然后我才注意到我们所处的环境:荧光灯、瓷砖地板、小便池——男性用的小便池。

我走进男卫生间了。

没有对此情此景发表任何看法,我草草结束自己的观点,随意地点了点头,然后走了出去。去女卫生间的路上,我在想我到底尴不尴尬。但我更多的是感到懊恼，因为我敢肯定，我不在时他们会继续进行讨论，我不想错过他们的讨论，因为那样我还得事后再去了解他们讨论了什么。

再次回到会议室，气氛轻松了很多。糟糕，我想，他们已经做出决定了。

"所以你们有结论了吗？"我问。他们都笑了。

"玛格达琳娜，我们没有谈论公司的事，"其中一位同事说道，"我们在说你进了男厕所这事儿！我们都惊了，但是你没有——你连一点儿反应都没有。你只在意是不是表达完了自己的观点！你真是处变不惊。"

他用了赞赏的语气，我们都笑了。然后我们回到手边的工作，这次效率更高了，因为每个人的情绪都放松了。

在本书中，我想帮助下一代的女性微笑面对自我充电，在任何空间都可以自如应对。我想帮助你们跨越工作场合的性别障碍，自信地进入任何与技术相关的领域，同时对随之而来的挑战做好准备。

虽然我鼓励女性专注于眼前的道路，以无畏的精神勇往直前，但我也要谈论一些我们确实面临的难题。这些问题还没有得到足够的讨论，特别是在成功的女性中。我希望女性可以应对那些有意或无意地剥夺她们权力的人。我也将这些故事分享给男性，因为我相信下一个巨大的进步不应该只有女性的推动——它需要我们所有人的参与。

这本书不是学术研究，也不含政治导向，而是为那些希望在新经济中获得成功的女性提供实践指导的书籍。我不希望女性对高强度的工作状态抱有幻想。高速发展的企业意味着其企业文化不是享受生活。他们并不特别注意工作与生活的平衡。他们一直处于紧绷状态。

这些都是不好的方面。积极的一面是，这种工作能激发你的智力，在你突破创新后有人可以分享你的喜悦，以及你可以获得在大多数领域都无法轻易获得的财富和机会。

恰到好处的时机

技术是新经济的驱动力。随着技术的创造性应用，现有的行业正在发生转变，新的竞争对手层出不穷，逐渐成为行业的领军人。新经济公司的最典型案例是爱彼迎（AirBnB）、热布卡（ZipCar）和脸谱网（Facebook），这三家公司改变了人们度假、出行以及获取信息的方式。新经济如同开闸放水的洪流，冲击着你的行业和工作。

这恰好给女性提供了一个自我充电、引领商界、改变科技行业面貌和未来的机会。初创公司如雨后春笋般蓬勃发展，提供了许多就业机会，尤其给员工提供了成为合伙人的机会，就连公司的厨师都有机会成为百万富翁，谷歌的上市就是一个证明。这些公司比传统公司更愿意打破规则，因为它们没什么需要传承的。

在新经济中，只要有好的想法、有勇气且努力肯干，人们就可以越过等级制度、摆脱权力控制、重新定义成功。而且这些公司会打破许多传统规范，制订新的规则，它们对新思想自然而然会敞开怀抱，无论对男性还是女性。

另外，要想在新经济中取胜，你不必是工程师也不必精于技术。以 Rent the Runway（美国女士租衣平台）为例，通过复杂的分销物流系统，Rent the Runway 让买不起高端品牌的女性也可以享受时尚。这些闪亮礼服的背后，是一家令人印象深刻的科技公司。

科技文化正在改变。新经济中的领导者们不再因为特权、性别或种族原因将一些精英拒之门外。工作机会非常多。你只要看看我在硅谷认识的女性，也就是本书中会讲到的女性，你就会相信这是真的。她们才华横溢，干劲十足，获得这些机会当之无愧。她们大多数是白人或有优越的教育背景。总的来说，这仍然是硅谷的现状。但变革正在到来，领导者们会认识到多元化将带来更多好处：他们会拥有更强大、更具创新精神的团队，并且可以为客户提供更好的产品和服务。

我在高科技领域打拼的年代，触及这一行的女性还很少，因此我们也没想过发起政治运动。我们所做的事情就是在这个男性主掌的领域中做好自己的事情。我们从没想过这些事难不难，当然也没想过是不是有人比我们的处境更困难。我只是忽略了自己的性别，在成功的路上砥砺前行。其他的女性也是一样。例如凯特·米切尔（Kate Mitchell），斯凯尔创投（Scale Ventures）的联合创始人，美国国家风险投资协会董事会成员，她最近在旧金山的演讲中对女性听众说，多年来，为了融入男性主导的科技世界，她竭尽所能地忽略她的性别特征，现在她终于决定以女性的身份站出来。许多女性深有同感。

如今，女性和男性对公司如何解决偏见、招募人才以及如何给他们创造一个让每个人都感到舒适、自信的环境有更高的期望。我们也看到了几十年的政治活动和宣传活动的成果。从这些数字上看，女性可能还没有得到平等的待遇，但赛富时和亚马逊（Amazon）等大公司已经公开了其目标，并宣布他们已经实现了薪酬平等，第三方薪资调查机构证实了这一点，这也是一次胜利。未来会有更多的公司实现同工同酬。学者、政治家和企业家都在努力，使更多的女性能够进入高科技和STEM（科学、技术、工程、数学）领域。

但让我们先回到眼下的情况。我之所以必须写这本书是出于一个更重要的原因，那就是每个正在读这本书的女性都已经蓄势待发，准备好了要自我充电：

我们每个人都有百分之百的潜力排除万难以达到自己设定的目标。你远比自以为的更加强大。

自我充电，要我说，需要的是你的自发驱动力。充满电的女性：

拥有自发驱动力。你不能靠其他人帮你提高自信、缓解情绪或安排行程。每个人都有轻松的时候，但是取得成功的是那些在异常困难的境遇中仍然可以找到方法让自己保持自信的人。当你的自信源自内心，面对难以招架的人或事时，你就不会不知所措、失去控制，也不会悲痛欲绝、气愤难耐。

拒绝接受既定的规则。请注意，我并没有把这本书命名为《等级提升》。等级提升意味着你要按照现有的等级制度按部就班实现升职。它的重点在于外界，是遵循当前权势制订的规则。自我充电是强调你的自我意识，你有什么能力可以让那些人为你重新制订规则。如果他们拒绝，你有能力创建一个场所，自己掌握权力，重写规则。你要自己创造新的机会，而不是争着去得到已经存在的机会。

不以性别或其他排他性类别来定义自己，也不允许别人以此定义。你将自己定义为受害者的时候，你就已经站在了受害者的位置。但如果你相信自己是赢家，并向周围的人证明这一点，很快，其他人会争相邀请你加入他们的团队。

这本书能够完成多亏了许多勇敢的女性创始人和技术领袖的参与，她们和我一起伸出双手，帮助其他女性崛起。这是自我充电的最高层次：想办法帮助那些从未得到公平对待的人——不仅仅是女性，而是所有被忽视或者被低估的人。

不管你的起点多低抑或面临的挑战多大，都可以进行自我充电。自我充电是不二的选择。当有足够的人达到满电状态，我们就可以撞开大门。

目 录
contents

第一章　水的力量　1

无畏之心或者说与你何干的态度　11

感恩之心是前进的动力　15

激流勇进的最佳时刻　19

扔掉救生圈　22

孤注一掷的混乱和恐慌　25

第二章　主宰自己的事业　29

做好多次失败的准备　33

创　业　39

内部创业及如何竭尽全力　44

为自己的贡献争取权益　48

挣老板的工资　53

知道自己的力量　56

了解他们的需求　57

超越自我范畴　　58

第三章　你比你想象的更强大　61
　　　保持庄重　67
　　　性骚扰是犯罪　73

第四章　拒绝"受害者"姿态　79
　　　宁为"泼妇"勿为受害者　84
　　　和投资者谈话　89
　　　走出商业低谷　94

第五章　人力资源　103
　　　你的第一个赞助商是你的老板　107
　　　寻求基于本地的赞助　110
　　　怎么摆正导师的位置　116
　　　其他女性的力量　119
　　　和正确的团队一起加油　123

第六章　进入男性的空间　127
　　　成为局内人　132
　　　在办公室里结盟　136
　　　加入男性活动　141
　　　男-女社交高手　143

第七章　为人父母的愧疚感及其他挑战　147
不必愧疚　154
事业和家庭同步进行　157
家庭假和共同抚养　165
为人父母后，创业代替就业　170

第八章　辞职、暂停、重来、成功　175
暂停不是污点　181
从头再来　184
逆　袭　187
灾难的背面　192
辞职还是坚持到底？　194

第九章　给整个团体充电　197
护栏与偏见　201
对配额说"不"　206
把你的价值观带到工作中去　208

尾声　从零开始　213
致　谢　219

向上一步
power up

第一章　水的力量

我认为，商业中的自我充电无关乎智力以及对成功的渴望。尤其在创业这种高风险商业活动中，动力源自直面失败的勇气。还没接近成功就谈失败，乍一听好像不合常理，但实际上，现实世界就是从试错开始的：人们往往要经历过十次的失败才能获得一次成功。尽管大多数人觉得我在硅谷功成名就，但我要告诉你们，在生活和工作中我不知道碰了多少次壁，犯了多少次惨不忍睹的错误，经历过多少痛不欲生的失败，这通常是因为我完全不知道自己在做什么。

在土耳其，我的家乡，有这样一个传统：如果有人即将踏上一段重要的旅程，在他启程时，邻里街坊全部出门相送，并拿着水桶朝他泼水。这样做的寓意是"希望你能像水一样，可以轻松地流过每个障碍"。在我的人生旅程中，我时常想起这一习俗。旅途中没有失败，只有障碍。不管是什么障碍，我都可以流过去。天下莫柔弱于水，而攻坚强者莫之能胜。不要想着溪流的潺潺，想象一下瀑布震耳欲聋、一泻千里的气势。

我人生中的第一件大事——到美国求学，是摸索着完成的。那时互联网还不发达，申请过程非常不易。我当时17岁，我的家族里没人上过大学，我认识的上过大学的人也是在国内上的。我对美国教育系统的所有了解来自学校图书馆的一本书——《美国的学院和大学》。

从书里我了解到，要想申请美国的学校，首先要通过SAT（学术能力评估测试）考试。伊斯坦布尔横跨欧亚两大洲，以博斯普鲁斯海峡为分割线。SAT考点设在伊斯坦布尔的欧洲区，且开考时间比渡轮运营时间早一小时——这对我来说是个问题，因为我住在亚洲区。我需要想个办法。首先我得找个人半夜陪我去考试，而我父亲并不太赞成我独自一人去美国留学，他是不会陪我去的。我问我的男朋友，他答应了，尽管我去留学对他没有任何好处：我要离开他。

黎明前，我们来到博斯普鲁斯海峡最狭窄的地方，发现一个渔民正在船上睡觉。我们叫醒了他，坐他的船到了对岸，然后我们自行来到山上的SAT考场。到了考场我才惊讶地发现，做多选题时，是要把选项前面的圆圈涂上颜色。我之前从来没参加过这类考试。

我让SAT机构把我的成绩发给我申请的两所学校，这两所学校都是从那本大学图书中挑选出来的：加州理工学院（California Institute of Technology）和麻省理工学院（Massachusetts Institute of Technology, MIT）。不久，SAT机构写信通知我可以把我的成绩免费再发给一所学校。我又回去翻了翻那本书，找到了第三所学校，名字和前两所学校很押韵，伊利诺伊理工大学（Illinois Institute of Technology）。我没有什么参照，选这个学校是因为我看到它离一个湖很近，而我喜欢水。

不久我的 SAT 成绩出来了，分数很高，伊利诺伊理工大学给我发了一封录取信，甚至都没要求我提供完整的申请材料。他们如此看重我，我非常高兴，因此决定就去这个学校了。据我所知，它的口碑与 MIT 差不多，所以就不想等待 MIT 的回复。

这是我在职业生涯中犯的第一个错误。

几个月后，怀着激动的心情和对未来的期许，我来到芝加哥奥黑尔机场。我的美国梦可以追溯到我 10 岁的时候，当时美国军事电台播放了阿波罗 11 号登月的消息，我经常听那个电台，因为那个电台播美国音乐。我不怎么说英语，但播音员激动的声音说明了一切：美国是一个——也许是世界上唯一一个连天空都可以冲破的国家。他们不仅把人类送进了太空，更重要的是他们是穿着蓝色牛仔裤完成这一壮举的！我当时还是个孩子，也不知道自己今后要做什么，但我知道这些前沿的科技令我兴奋，而美国就是前沿的代表。在这里，所有不可能都可以变为可能。从那天起，我就想去美国。不对，从那天起，我就开始为去美国做准备。而如今我做到了！

第一个错误。如果伊利诺伊理工大学坐落在安全地带，第一个错误可能不会那么严重。但它在芝加哥南区,治安混乱,而我来自伊斯坦布尔外的马尔马拉海的王子群岛(Princes' Islands),在那里我们夜不闭户,这是一个相当大的转变。

那天很晚我才到达我的新家——学校宿舍。从伊斯坦布尔出发到那时已经27个小时了,我饿得前胸贴后背,于是我问我的新室友晚餐供应到几点。他们告诉我餐厅早就关门了。我一下子就慌了,问这附近哪里能吃东西,他们说两条街外有家麦当劳。

实在是饿极了,我衣服没换就出去了。为了能"优雅"地进驻美国,我专门准备了一套衣服:高跟鞋、百褶裙,还有八只金手镯,以备不时之需可以兑换现金。在去餐厅的半路上,一辆警车停在了我旁边。难道我犯了什么事儿已经让警察找上门了?我刚到呀!我也不知道我犯了什么事。我假装没看到这辆警车继续往前走。

开车的警察叫住我。

"女士,你穿成这样准备去哪呢?"他问。

我用非常重的伦敦腔回答说:"我正准备去一家叫麦当劳的餐厅。"

他停下警车,摇下车窗说:"上来,我们送你,你不要再独自一人在这里晃荡了。另外,把你的金手镯摘掉放到一个安全的地方,不然你可能会遭到持刀抢劫甚至遇害。"这几位警察不仅把我捎到了麦当劳,还帮我点了餐,最后又把我送回宿舍。

那晚,我余悸未消,给伊斯坦布尔的父亲打了个电话,告诉了他当晚发生的事情。

我说:"爸,您说的没错。美国这个地方真是太危险太吓人了。警察跟我说,就只是去街上吃个晚饭我就可能被抢或者被杀。我准备把机票改签了,马上回家。我真是错得不能再错了。"

我以为我可以从父亲这里得到一些安慰和支持,因为他之前一直劝我不要去美国,但相反,他的话我完全没想到。

"这是你自己决定的,"他说,"你一直想去美国。你要充满信心,相信自己可以解决所有问题。别这么轻易退缩。你既然做了决定,那至少要坚持一年,看看到底是对是错。这是你一直以来的梦想,现在放弃太早了。"

然后他告诉我,只要我按照警察说的做,他相信我一定可以在这个新环境中学会如何安全地生活,然后他就挂了电话。

我当时还不知道,父亲教我的就是自我充电。

那个学期结束后的暑假,回到家,我父亲才坦白说,他一连好几个月都为我的安全问题担惊受怕,夜不能寐。但我在芝加哥的这一年,他从来没表现出来。我在伊利诺伊理工大学的这一年听到的都是,他相信,以我的魄力和心智一定可以克服任何困难。他希望我可以全力以赴,以最好的状态度过在美国的第一年。

与此同时,他的担心也是对的。伊利诺伊理工大学周边确实是芝加哥治安最差的地区之一。每天都能听到有同学说他或她在上学的路上被抢了。我从来没被抢过,也许是我听从了警察的建议，改变了我的穿衣风格，并注意观察周遭环境，也把我的首饰锁了起来。渐渐适应新环境后，我把注意力转向了我的老师、同学，还有精彩的课程——我一路来到美国要做的事。

　　由秋入冬时，另一个错误就显现出来了。我带了两大箱子衣服，但是这些衣服只适合土耳其的地中海气候下温和的冬天，完全无法抵御芝加哥零下几度的严寒。为了勤工俭学，我找了份兼职，是给不同的部门送信，因此每天都要穿梭于校园各处，真的是冻死了，我觉得我的鼻子都要被冻掉了。虽然我对在伊利诺伊理工大学的课程很满意，而且被评为优秀学生，但芝加哥的冬天实在不适合我。行走于校园中，每一道刮过来的寒风都像对我严刑拷打。

　　一天，我在餐厅听到两个学生讨论他们如何想念加利福尼亚温暖的气候。我就问他们。

　　我问："加利福尼亚有什么好的大学吗？"

　　他们来自北加利福尼亚州，所以他们推荐了斯坦福大学和加州大学伯克利分校。很快，我开始了烦琐的转学申请。

　　这也不是件容易的事儿。在我准备寄申请书的前一天晚上，我让我的室友看了我的申请书。她看着我的手写申请书摇了摇头。

　　"你这样写不行。"她说。

　　"哪里不行？"我问。

　　她看着我，百般不解。"你不能说你是觉得那里暖和才决定去斯坦福大学的！这太荒唐了！这可是全国最顶尖的学校之一。"

"但这就是我想转学的真实原因啊！"我说，"那我该怎么说呢？"

她被我气得无言以对。

"还有，你一半的单词都拼写错了！"她说着，把申请书递还给我。

后来我才知道，我拼写一直不好是因为我有严重的阅读障碍。但我还是用了手写稿，因为我不会打字，而且也没时间领一份申请表重新写了，所以我没做任何修改，就把我的申请寄给了斯坦福大学和加州大学伯克利分校。也许一半是奇迹，一半是我过硬的学业成绩，两所学校都通过了我的申请，在大二可以转校过去。我选择了斯坦福大学。

在加利福尼亚，我过得更加快乐，也更有动力去认知自我以及周边的世界。然而，我还犯了其他各种各样的错误。比如我选错了专业。我父亲一直希望我学医，但我不喜欢那种血腥的环境和死记硬背的知识——我转到了工程学专业。我还拒绝了成为苹果公司早期员工的工作机会，虽然参加过史蒂夫·沃兹尼亚克（Steve Wozniak）和史蒂夫·乔布斯（Steve Jobs）的面试后，我非常喜欢他们俩。但我的导师告诉我不要去一家以水果命名的科技公司工作，所以我放弃了苹果，去了超威半导体公司（Advanced Micro Devices）工作。再然后，在我职业生涯后期，我创建了第一家公司，但我没能找到投资者。这个公司主要是做互联网的商业化，在当时这是一个颠覆性的想法，风投家还看不到它的发展前景。

在遇到所有这些问题或挫折时，我的处理方式有一个共同点，那就是我从不灰心。这些问题虽然有时候会让人痛苦，但却是一个积极的信号，它们表明你正在进入一个全新的领域。相反，我会自我充电，找到一个突破口，然后借此涌进这个更新更强的领域。

就这样，在一连串的错误中，我渐渐地成就了一些事。我放弃了令我痛苦难挨的医学专业，转到了令我身心愉悦的工程学专业。创业失败的公司？它最终被一家名为 UU 网络（UUNet）的公司合并，我们最终也成功地进行了首次公开募股。20 年后，当史蒂夫·乔布斯第二次回到苹果时，他再次打来电话，我又拒绝了他，这一次我非常清楚自己拒绝的理由，并坚信自己是出于正确的理由做出了正确的选择（稍后会详细介绍）。

我之所以分享这些故事是因为，每个正在打破玻璃天花板的女性——或者任何正在进入某个新领域的男性或者女性——都需要做好在错误和失败中坚持下去的准备。大多数的挫折是你自己的原因造成的，剩下的可能是其他人给你设置的路障。我成功的诀窍是：无所畏惧，想尽一切办法勇往直前。

我相信，世界上没有哪个领域像科技行业这样欢迎局外人和失败者。科技行业总是向前看，相较于你的过去，它更看重你的潜力。如果你潜力无限、心志坚定，许多机会的大门都会向你敞开。你所需的只是敢于面对失败的勇气——而且我相信,如果你将失败看作成功之路的必经之地,面对失败将更加从容。

我总是给自己一些下赌注的机会,并允许自己试错。你赌得越多,不管是输是赢,你的信心就越强,自我充电的能力也越强。

无畏之心或者说与你何干的态度

自信很重要。最近我听到一件事,觉得很遗憾。一位女性风投家告诉我,她听了一位女企业家的推介,觉得她的公司非常有潜力,这位企业家希望可以得到 200 万美元的投资。接下来,是一位男性 CEO 的推介,他的公司陷入困境、几近破产,但他居然有胆量要求 1000 万美元的投资!

遗憾的是,此类现象我经常遇到:女性总是谨慎地适当降低自己的野心和需求,而男性则会抬高。如果我们希望可以得到平等的机会及全部的信任,我们不能再低估自己。而且如果其他人小看了我们,我们需要鼓起勇气,表明立场。

每个正在打破玻璃天花板的女性——或者任何正在进入某个新领域的男性或者女性——都需要做好在错误和失败中坚持下去的准备。

我第一个工程师工作是产品设计。我清晰地记得我参加的第一个设计评审会议。我觉得我的设计很好，很认真，当我和老板坐下来的时候，我感到自豪和满足。然后评审小组开始评价我所设计的半导体芯片的逻辑功能。

评审小组对我的设计有不同的看法。他们花了30分钟批评我的设计，但我并不认为有什么建设性意义。他们说了对每个细节的看法，语气很刺耳。我仔细地听了他们的建议，忽略掉他们说话的语气，并做了笔记。

会议结束后，我老板问我："你觉得怎么样？"

我回答说："一切顺利。"

"我们参加的是同一场会议吗？"他怀疑道，"他们把你的设计批得一文不值，态度也不友好。这不可能算顺利呀。"

"我现在就做一些调整，我知道他们想要什么效果。但我还是看到了我所做的工作的价值，我仍然为它感到自豪——不管他们喜欢与否！"

我老板对我摇了摇头，笑道："玛格达琳娜，我不知道你这种绝妙的与你何干的态度怎么来的，但我喜欢。什么事都影响不了你！"

在他眼里，我这种"绝妙"的态度成为我工作上的一个标签，他经常提到这一点。至于"与你何干"这个说法其实不太准确。我冷静客观，但并不目中无人——不过在当时那家公司的企业环境下，这两者的差异微乎其微，我老板经常拿这句话开玩笑,并把它当作我的标签。

我这一绝妙的态度是一笔巨大的财富。它让我能够在会议期间接受批评、负面反馈和任何其他不讨好的意见,并且不会有抵触情绪或大发雷霆。我能够在处理这些反馈的同时保持热情和积极性。我的同事们能感觉到我不介意,所以他们从不保留那些不好的反馈。这是一个巨大的优势,因为他们给我提供了更多的意见,让我进步的空间更大。

我的第一个老板还注意到了我工作方式中的一个重要方面:我从不自我怀疑,到现在也是。我并不是每件事都做得很完美,我的观点也不是各个优秀,我知道这一点——或者其他人会指出来,但这并不影响我对自我价值的肯定。另外,一个想法或解决方案可能是好的,但并不适合当时的情况。因此,当有人要求我做一些调整,就像那次设计审查会议中那种,我不会固执己见。当你相信自己的观点最重要的时候,再听到一些反馈,即使是负面反馈,也不会不适。我将需要改进的地方做了改进,然后继续前进。我只需要确保我脚下的土地坚实有力,当我需要到一个新的地方,我可以随时启程。

我也从不害怕提出大胆的要求。我们刚刚创建电子现金(CyberCash)时,还是一家无名小公司,在一个会议上,我发现斯图尔特·阿尔索普(Stewart Alsop)也在。斯图尔特·阿尔索普是科技年会的组织者。这个年会是业内最高级别的年度活动,只邀请科技行业的精英参加,与会者都是比尔·盖茨(Bill

Gates）和拉里·埃里森（Larry Ellison）这种级别的人。我是一个小公司的创始人，按理说是没机会参加的。当时斯图尔特·阿尔索普并不认识我，也不知道我的公司。但是在会议接近尾声，我跟他握手告别时对他说："嗯……我生日马上到了，你知道我最期待什么生日礼物吗？"

他吓了一跳，但还是接话了，问我想要什么。

"我想在你的年会上发言。"

我们都笑了，我也把这件事当作玩笑，没放在心上。6个月后电子现金取得了重大突破。我们与埃里克·施密特（Eric Schmidt）和他太阳计算机系统公司（Sun Microsystems）的团队合作，为在网上销售产品的新兴互联网公司服务，并被媒体评为最安全的支付系统。在兴奋之余，我收到了斯图尔特发给我的电子邮件，他邀请我和财捷集团（Intuit）的创始人兼董事长斯考特·库克（Scott Cook）以及另外两位来自信用卡和银行业的CEO一起参加年会。

"你之前的话让我意识到，"他写道，"我们的年会之前从来没有邀请过女性，我觉得你是第一位女性与会者的最佳人选。"当时，女性身份是一个巨大的优势，我很高兴这个身份给我带来好处。

那时和现在一样，虽然女性也有一定的机会，但你不能坐等其来。如果你主动争取，会得到更多的机会。

感恩之心是前进的动力

虽然无畏之心是你的好帮手,但切不可自以为是。平衡两者的秘密武器是感恩之心。这是水温和的一面,给予的一面。

作为一个移民,我发现这种平衡对我来说是自然而然的。我感激能来美国上学,感激能在一个优美的校园接受高等教育,感激能得到工作许可并找到一份工作,感激每一次小小的进步。这个国家没有人欠我什么,我也没抱有什么期待。如果非要说有什么的话,我希望我付出的努力是其他人的两倍。任何帮助过我的人,无论是给我建议还是给我机会,都可以看到我眼睛里流露出的真实的快乐和感激之情,这使他们愿意给我提供更多的帮助。当然,我从不认为这是理所当然的,我没权利要求别人。

我认为,感恩之心是平衡我"与你何干"这种态度的"绝妙"之处。要想成功,必须两者兼备。如果我一直持一种对抗心理,或者说我不愿意聆听或接受任何负面的评价,那就是真的"与你何干"的态度,我很快就会被淘汰。但我不是。我与之相反。因为我是以国际留学生的身份来到美国的,从第一天起我就抱着学习的心态。我非常乐意接收各种反馈,并以一种开放的心态接收,而且我认为,如果我有许多事情需要学习或者需要在工作上做出许多改变,这都是非常正常的,也没有什么可感到羞耻的。

我渐渐觉得,像我这样的移民,本来就是谦逊又充满抱负

> 一直把注意力放在他人的想法上会浪费很多时间和精力，更好的做法是将这些注意力放在自己的进步上。当然，你老板和主要领导对你的看法还是很重要的，你需要注意。但我们中的许多人花太多时间担心别人的想法，而没有评估他们的想法与我们有没有关系。对你来说，你自己的想法最重要。你要认可你自己和你的工作，然后说服别人同意你的意见。

（humbitious）的，这个词是贝尔实验室（Bell Labs）的研究人员创造的，他们发现，在他们的实验室中最高效的科学家和工程师们有一个共同的特征，谦逊又充满抱负。雄心壮志激励你前进，但谦逊让你稳扎稳打，保持开放的心态去学习。

我真的从来没有因为我必须比其他人努力两到三倍才能取得进步而感到愤愤不平。我真的很感激能有机会来到美国，不管和周围的人比起来我的工作量有多大。实际上，我从来没进行过这种比较，我一直将我的注意力集中在前进的路上。我的老板、同事、团队及员工都注意到了我的感激之情，并给予我相同的反馈。而且鉴于我的事业蒸蒸日上，也渐渐取得了一些成就，我真的很感激我一直有工作的机会。我仍然全心全意地相信，工作的能力是我们被给予的最大的祝福之一。

许多杰出的年轻创业者在募集资金时，会问风险投资家对他们制订的市场进入策略或商业模式的意见。询问问题很好，但问了之后他们的表现就不尽如人意了：他们的重点没有放在聆听回答上，相反他们开启了防御模式，开始申诉他们原方案的优点。实际上，给出意见才是对你的肯定：有人愿意花时间给你反馈，是因为他们觉得你值得。

谦逊并不意味着自卑，反而彰显了你的自信。赛富时的创始人兼CEO马克·贝尼奥夫就是一个极好的例子，我与他共事了6年多。他总是自信满满，做事有自己的节奏。然而，在赛富时成立之初，我们一起应对各种挑战时，他不断地寻求我的意见，以开放和积极的心态接受我的反馈和建议。这是因为他充满自信，他从来不觉得需要开启防御模式。马克是个很好的聆听者，他知道多听取他信任之人的建议有助于他成为一个更好的CEO和领导。

谦逊还有一个好处：当你撞到南墙时，愿意做出调整和改变。这也是水的一个能力。虽然要到达既定目的地可以有多种选择，但不是每个人都做好了脱离原来计划好的路线，退而选择一条全新路线的准备。

我前面说过，我创建的第一个公司募集资金失败了，虽然之后它成为世界上第一家商业互联网服务提供商（ISP）。当时，互联网的使用仅限于学术机构、政府机构和研究机构，从未涉足商业领域。全国只有几所大学提供了互联网接入服务。我和我的合伙人丹·林奇（Dan Lynch）希望将互联网的应用扩展到其他行业，尤其是与高校合作建立营利性公司，将互联网应用于商业领域。这是一个颠覆性的理念，没几个人感兴趣。

我们用了两年的时间与高校沟通，希望能购买他们的互联网接入设备。我们最终与斯坦福大学达成了交易，将其区域网作为我们 ISP 的核心。我们以为我们的计划很完美，只要募集资金，买互联网设备就好了。因为我们不仅和埃里克·施密特关系密切，甚至得到了互联网之父温特·瑟夫（Vint Cerf）的祝福。

我们拜访了镇上所有的风险投资家，向他们推介我们的企划，宣传互联网是商业的未来。虽然现在看来，利用互联网进行商业活动是理所应当，我们每天都要用到，但当时，所有人都觉得这个想法是无稽之谈，将我们拒之门外。

虽然风险投资家觉得我们疯了，但业内人士并没有。当时一家位于弗吉尼亚州雷斯顿，名为 UU 网络的公司也有这样的目标。我们与其达成了合作协议，丹和我把我们所有的前期准备都交给了他们。这意味着我们放弃了创始人的身份，但我们都立刻意识到，只有这样我们之前的工作才可以得到充分利用，并且整个项目可以朝前推进。我在 UU 网络不分昼夜苦干了一年，其间没有拿一分工资。工作这么辛苦，但是颗粒无收，我丈夫都怀疑我是不是脑子出问题了。

"我的工资都记着账呢，因为公司现在资金不足，但是放心吧，他们会付给我的。"我告诉他。

当然，UU 网络 1994 年上市的时候，成为当时最大的商业互联网服务提供商，为全国各大企业提供服务，我所持的股份第一次成为我实实在在的薪水。

当初拉不到投资时，我和丹可以就这么放弃，失望心酸地认为我们的努力都打了水漂。但我们并没有，我们放下自我，务实地思考如何让我们已经完成的所有工作发挥效用，如何富有成效地、建设性地推进我们的工作。虽然我不是这家公司的创始人，但我相信，我为这家公司立了大功，我就可以得到相应的回报。

激流勇进的最佳时刻

人们最感兴趣的故事——我是怎么成为赛富时第一位投资者的——这确实是个值得讲的好故事。和马克·贝尼奥夫认识时我还在电子现金工作，我们相识于科技年会的小组讨论。我和马克很快成为朋友，不久之后，他所在的甲骨文公司决定使用我们的支付系统，我们就成了业务伙伴，他是我们的首席客户。后来，我加入了美国风险投资公司（U.S. Venture Partners, USVP），成为一位风投家，我和马克时不时会互相咨询一些意见，我们合作进行了几项投资。有一天，马克邀请我去加州伯林盖姆（Burlingame）的半岛高尔夫俱乐部，聊聊有没有什么新的想法。

和现在一样，硅谷人才济济，各种高明的想法层出不穷。即便如此，作为一名风险投资家，我拒绝了大多数新企划。投资者在寻找的是一个点子，而不是一个可行的公司。投资者渴望的是那些能够重新定义行业、重塑商业运作方式的想法。

那天在俱乐部，马克告诉我他想开辟一个新的市场，以一个新的模式来为大型企业提供维系客户的软件。我立刻从内心深处觉得，这种想法是非常新颖的。

当时，只有那些商业巨头用得起维护客户数据的企业业务软件，因为此类软件需要用数百万美元购买许可证，再用数百万美元运营。这是一个非常复杂的过程，以至于咨询公司把大部分精力都花在了这上面。

马克说，如果我们直接把这个软件简化，只保留现有功能中最有用的20%，并以比较低的价格提供给中小型公司使用，怎么样？这些公司不需要购买许可证也不需要自己运营，他们可以通过互联网订阅该软件。客户将只需为他们使用的东西付费，并且可以立即启用，不需要花费大量的时间和金钱进行前期准备。

"你觉得怎么样？"马克问我。

没有一丝犹豫，我告诉他"这个想法太妙了。这是个超级好主意"。我马上给出原因。中小企业对客户管理软件有明确的需求，但它们却无法负担动辄百万的软件使用和运营费用，这块市场目前还是个缺口。更重要的是，我认为，这种新的订阅交付方法所带来的灵活性是软件业务未来的发展趋势，因为软件更新换代太快了。摆脱掉烦琐的旧的授权模式，也许会带来令人难以置信的创新和价值。

然后我说了所有企业家都想听的话:"我决定用自己的钱给你投资。除此之外,我还会支持你,竭尽所能助你成功。我是你的坚强后盾。"

我信任马克,他阐述的愿景与我认为的企业软件技术的发展趋势不谋而合。我给了马克一点时间让他接收我的信息,然后我就准备放手干了。

"好的,我们接下来怎么做?我们要怎么实现这一想法呢?"

马克告诉我,要想推进整件事,我们需要说服左岸软件(Left Coast Software)全员加入,这是由硅谷最优秀的工程师组成的三人团队。"他们对我们的项目价值一直持怀疑态度,"他告诉我,"我不能说服他们全都加入。"

我们决定,作为公司的第一个投资者,应该由我和其团队的领导者帕克·哈里斯(Parker Harris)谈谈。那天下午晚些时候,我给帕克打了电话。虽然帕克已经承诺和马克一起干,但他担心会输给潜在竞争对手。他问我们的竞争优势是什么。"没有优势!也没有劣势!"我告诉他,"那又怎样呢?人人都可以做。竞争在所难免,但我们会做好,做大。我们需要的是把它做大的魄力。"

我吸了一口气,亮出我最后的底牌。

"如果我们全力以赴、加速前进,比其他人做得都好,就没有人能超越我们。"

打完电话后,我对整个左岸软件团队都会加入我们充满信心。很快我的想法就被证实了。

扔掉救生圈

永葆自信是许多企业家面临的终极挑战，尤其是女性企业家。与一群优秀的人一起竞争，说自己一定能赢，看起来有些狂妄自大。你愿意为自己的不留余地承担风险吗？这看起来很愚蠢。

我们每个人都需要时不时地被推一把——即使是马克也不例外，他是我认识的最善于自我激励的人之一。1999年7月，我们和帕克·哈里斯、弗兰克·多明格斯（Frank Dominguez）以及戴夫·莫伦霍夫（Dave Mollenhoff）在电报山（Telegraph Hill）马克家旁边的一居室公寓里工作。我们还雇了几个全职员工。我们经常会邀请朋友们过来进行头脑风暴。我们面对着软件原型机席地而坐，花费大量时间讨论它应该有哪些功能，用户界面应该如何布局。

按传统，在正式公开发布前，软件都是保密的。但为了尽可能多地得到反馈，我们将它公之于众，最后证明这是我们的软件取得成功的重要举措。与其他公司不同的是，在开发过程中，我们能够不断地将产品推翻再重新定义。简单、直观、快速是我们的目标。

很快我们需要募集更多的资金。我在美国风险投资公司的合伙人拒绝了我们。他们决定把赌注押在该领域的老牌公司西贝尔系统（Siebel Systems）上，该公司正在研发一个叫Sales.com（一款商务管理软件）的产品直接和我们竞争。这很尴尬，但我并不打算离开赛富时。我在金钱上和感情上都已经进行了投资。

我的公司拒绝后，我把赛富时介绍给了我的许多风险投资家朋友，但他们都对我们的理念有所怀疑。他们都不认为托管交付模型是可行的，因为这需要公司交出他们最珍贵的东西——高度保密的客户和销售数据——如果用赛富时，公司需要将数据存储在云服务器上，而不是本公司内。

鉴于资金一直不到位，我们又联系了一些私人风投家。有一次面谈进行得很顺利，结束之后，我和马克都感觉不错，认为这次终于找到投资者了。

但还有一件事我比较担心：马克还没从甲骨文离职。马克在甲骨文的工作很稳定，他自己也很满意，而且甲骨文的老板拉里·埃里森是他的良师益友。尽管马克请了假，把所有时间都花在赛富时上，我还是觉得是时候表现出他十足的诚意了。从甲骨文离职可以向我们的潜在投资者证明，他已经"豁出去了"，而不是在对冲自己的赌注。

"是时候做一个全职企业家了。"在我们等待穿过旧金山一个繁忙的街角时，我告诉比我高得多的马克。（马克身高196厘米，我身高170厘米。）

如果他没有全力以赴，我们的发展会受到影响。我们可能仍旧筹集不到资金，可能很难雇到最好的员工，他们可能觉得马克还在甲骨文挂职是因为对赛富时信心不足。成功的领导会向所有人表示，他对自己的愿景有绝对的信心，并愿意与投资者和员工承担相同的风险。

我记得他看向我说，是吗？现在一切进展顺利。为什么要破釜沉舟？我向他解释了原因，他也认为这么做是正确的。之后赛富时成了马克唯一的工作单位。

没多久我们之前见的投资者就给我们投了500万美元。

几乎任何企业家或个人在成败之际都会遇到这样严峻的时刻。有很多方法可以对冲风险，但是你不能对冲你的承诺。你需要相信自己，需要在自己内心找到这种信念，大多数时候，没有人会给你这种信念，而且事实上，很多人会试图夺走你的这种信念。

马克成为赛富时全职员工的第一天都做了些什么呢？他为公司找了一个新的办公地点，因为我们的员工现在已经从隔壁的公寓挤进了他家里。新的办公地点在林康中心（Rincon Center），非常大。当时赛富时总共10个人。帕克第一次去看时，使劲摇了摇头说："700多平方米？太大了。我们永远用不完！"

一年后，我们就扩张了场地，搬到了旧金山市场街。今天，新的赛富时大厦即将成为密西西比河以西最大的建筑。

孤注一掷的混乱和恐慌

我第一次孤注一掷——当然不会是我最后一次——是在我冒着时间和金钱的风险创办一家公司之前。那次之后,我再未面临过如此高的风险。当时我17岁,我选择远离父母以及我所熟悉的生活,只身来到美国求学。事实上,我被迫做了两次决定:第一次是大一新生时,还有一次是大二学期结束后,我决定到斯坦福继续学业,这次我最终决定留在美国生活。

商业书籍很少讨论冒险最难的方面:你的决定不仅仅是个人决定。你的决定会影响到你爱的人,你的家庭和你的朋友。他们可能支持也可能反对,但最终做决定的是你自己,用诗人玛丽·奥利弗(Mary Oliver)的话来说,你要为了你"狂野而珍贵的生命"做出抉择。

我父亲经常告诉我,只要我清楚地知道我做的选择需要付出什么代价,并做好了承担全部后果的准备,我就可以随心而为。他逐渐培养了我对冒险的热爱,但他很清楚,我需要在充分意识到风险的情况下去做。

他常说:"冒险这事儿,谁都能闭着眼睛瞎干。但诀窍在于,冒险时你得睁大双眼。"

虽然在很小的时候我就决定要到美国念大学,但这一规划,以及去美国上学所面临的现实问题,直到我高中三年级的时候才开始明晰。我上的初中和高中都是同一所女子学校,我和同样的 55 名年轻女性一起度过了 7 年的时光。她们不只是我的朋友，更像是我的姐妹。她们大多数会在伊斯坦布尔继续上大学，而我则要和我爱的男朋友分开。

我在一个叫摩达（Moda）的街区长大，这条街的邻里都是看着我长大的。他们看着我从一个胖乎乎的小女孩变成 17 岁亭亭玉立的少女。我的夏天会在马尔马拉海的王子群岛度过，那里禁止汽车通行，唯一的交通工具是驴子。我热爱土耳其的一切。我爱有着蜿蜒街道的神秘古城伊斯坦布尔，我爱土耳其文学和音乐，简而言之，我爱我的祖国。

当我想到要离开这一切时，悲伤一拥而入。还没买机票我就已经开始想家了。想想我将在美国开启的生活，我一点画面都没有。这个未来很大，很亮但很空。我想得越多、眼睛睁得越大，我就越害怕。

而且我还要面临最大最难的挑战：离开父母。我的姐姐上中学时不在土耳其，我看到了母亲因她的离开而多么难过。每次收到姐姐的来信，我们一家子就像中了彩票一样开心。后来，她成了一名空姐，经常进出土耳其，但即使她短暂地离开，我们也能感觉到对她深深的思念。不像姐姐只是离开一两周，我一走就是 9 个月，而且我去的是地球的另一端——一个我父母从来没去过的地方。我父亲在芝加哥"认识"的人只有艾尔·卡彭（Al Capone）。他真的不想让他的小女儿到那么遥远的西部——一个黑社会之城——去上大学，绝不。我父亲小学五年级时就辍学了,他常说,放弃学业挣钱养家是他一生中最伤心的事。他非常支持我的学业,只是他不想我去那么远的地方。

一想到没有我的日子父母将怎样度过,恐惧就传遍我的全身。我开始认识到,我的决定不只关系到我自己,它还关系到所有我爱的人。为未知的冒险买单的也不只是我自己,还有所有我最爱的人的幸福。这让我的心感到很沉重。

随着离开的日子将近,我和父亲聊了几次,都是关于我的离开会给他们的情感带来怎样的伤痛。他告诉我,这得由我自己权衡,决定必须我自己来做。我最终也做出了决定。我孤注一掷决定实现我的梦想。是的,风险是巨大的,结果也是未知的 —— 但我自己觉得,如果我放弃自己的梦想,会遗憾终身,最后也要承受痛苦。另外我有一种直觉,在美国我能创造的价值比在我的故土要多,尽管我非常爱我的祖国。

就这样,穿上最漂亮的衣服,我一路飞到美国,觉得我做到了父亲说的,眼睛睁得足够大,考虑到了所有结果,但事实是,我完全低估了父母为我的决定所付出的代价。但冒险就是这样。即使是今天,我也会做出相同的决定。如果我要继续实现人生的飞跃的话,我必须这么想。

一个真正的企业家,要有足够的冒险精神和学习能力 —— 而且永不后悔。

向上一步
power up

第二章　主宰自己的事业

电力充沛的女性可以主宰自己的事业。无论你是在公司上班还是自己经营企业,这一点都适用。成功掌握在自己手中。不喜欢游戏的规则?你可以重置。人们经常说"活在当下",但我觉得,如果你想在事业上一直进步,这句话就不适用于你。相反,无论你现在做什么工作,一旦明确了自己的目标就要立刻想办法向其靠拢。与其被动接受任务,不如主动承担责任。即便资历还不够,你也可以主动要求升职。不要等所有的事情都大局已定了才大步向前。要自己掌握主动权。

以克拉拉·史(Clara Shih,史宗玮)为例。她创立自己的公司 Hearsay 时年仅 35 岁,其公司的主要业务是基于社交网络的应用软件,帮助财务顾问管理他们的社交媒体、移动媒体和数字媒体的页面,更有效地吸引客户。她还是星巴克(Starbucks)史上最年轻的董事会成员。你如果想快速取得这样的成就,就要做自己的老板,也就是说,不要让你的头衔定义或限制你的能力。

克拉拉就是这样做的。在斯坦福大学读本科的暑假，她到微软做实习生。实习期间她没有把自己局限于传统的实习生的"繁重工作"中，相反，她给公司留下了财富。她在实习期为Outlook邮箱——微软最重要的产品之一，撰写了订阅源代码。

当时，博客作为社交网络平台和新闻获取渠道，影响力越来越大。创建订阅源可以让人们在同一个操作界面阅读他们订阅的所有博客，不需要依次打开所有网页。因此她告诉一些老资历的员工和老板，"Outlook需要创建一个订阅源"，这样不需要关闭邮箱界面，就可以阅读博客。但当时她的上级领导都不是博客用户，不理解这个建议有什么用。她没有就此放弃，相反，她自己主动承担起撰写订阅源的任务。

克拉拉说："我不知道怎么撰写订阅源，但我们组的其他人也不知道。这是个新想法。我没有比其他人差到哪去。虽然我只是个实习生，但我们处于同一起跑线。"

在她实习期的最后两周，她熬了好几个晚上，终于完成了这份代码。如今，尽管订阅源用到得越来越少，你仍然可以在Outlook中发现许多在她的代码基础上开发的新功能。

2006年，克拉拉加入赛富时，成为AppExchange（企业云市场）的创始产品营销人员，这也是我和她的相识开端。她再一次发现了商机：脸谱网（在当时还是新兴事物）可以成为销售人员的得力工具。再一次，她的直属上司觉得价值不大。所以，她自己不眠不休几个星期开发了FaceForce（一款数字化营销软件），她刚完成，我们就公开投入使用。这个软件大受欢迎，它的成功不仅改变了我们的业务模式，也改变了她的生活。普伦蒂斯·霍尔出版公司（Prentice Hall）邀请她写一本关于将脸谱网作为商业工具的书，也是这本书让她结识了雪莉·桑德伯格（Sheryl Sandberg），她为克拉拉找到了第一位投资人。6年之后，Hearsay获得了5100万美元的风险投资，公司实力强劲，日益壮大，克拉拉也出版了她的第二本书。她告诉我："在微软和赛富时工作时，我都没有准备自己干。我觉得应该由一家大公司来做，我觉得我还没能力去做。我之前觉得订阅源是个大项目，脸谱网也是个大项目。这个大项目应该由那些老资历、经验丰富的人来做。但我把这些想法表达出来后，那些人并不采纳，觉得不是什么好主意。我不相信他们，我就自己做了。"

作为一个企业家——不论在公司任职还是独立创业——都需要自己给自己创造机会。这需要勇气，但另一方面，你可以确定的是：这件事没人有经验，你和他们处于同一起跑线。事实上，你更有优势——是你发现了潜在需求并提出了解决方案，你有资格牵头完成这个企划。

做好多次失败的准备

大多数传统的职业建议对技术行业是没什么用的。比如你需要设立一个长期目标，然后创建一个任何情况下都适用的解决方案,但这在技术界是荒唐的。你梦想的工作可能是五年后才出现的一个新行业。

就像许多创业的人一样,我之前也没想过自己开公司。我第一份工作是在超威半导体公司(AMD),这是一家很传统的公司,在芯片领域排名第二。我们的主要竞争对手英特尔(Intel)以创新闻名,但我们凭借快速的执行力和一流的市场营销紧随其后。但我总觉得,在技术甚至微处理器领域,这家公司还不够炫酷。

幸运的是我有个好老板——那个夸我"绝妙的干你何事的态度"的老板,在他的帮助下,我在 AMD 学到了很多。尽管他是应用工程部门的负责人,但他鼓励我从产品设计部转到产品管理部门,这样不仅可以拿到更高的工资,还可以同时发挥我的技术和人际交往能力。说到工资,他真的拿出了他的工资支票让我看,说:"你真想一辈子就拿这么点儿工资吗?"

当时,半导体领域的产品管理销售的是未来的产品。事实上,这项工作就是如此。为了取得成功,我们必须设计一种芯片,这种芯片需要能够在三年后生产的计算机上使用。(现在也是如此,只不过周期短了很多。)半导体产品经理的工作是说服计算机和通信系统公司的工程师,也就是未来的买家,在下一代的设计中使用自己公司的芯片。与此同时,因为产品本身还不存在,他们只能介绍芯片的技术、功能和规格。推销未来成为我的一项技能,这项技能为我日后成功、为我的初创公司吸引投资者和合作伙伴奠定了基础——我知道如何宣讲那些遥遥无期的愿景。

与此同时，AMD 是一家规模庞大的公司，有许多分部和部门，领导者都想捍卫自己的地盘。你得时刻注意不要冒犯到他们。在那工作了几年后，我想换个小公司试试，这样我可以更自由，不受太多限制。我研究了一下这个领域，选定了一家很有"黑马"潜质的初创公司——财富系统（Fortune Systems），面试后，我成为这家公司最初的几十名员工之一。

财富系统公司首次开发了在 UNIX 操作系统运行的多用户桌面计算机系统。这是个真正的创业公司，我很快发现自己需要同时承担多个职责。我是多用户计算机的 UNIX 操作系统开发的主管，同时负责多个应用软件包的开发，包括一个名为 Oracle（启示）的启动程序的数据库。我还负责产品营销活动，尽管我从来没有上过营销课，也没有任何相关经验。虽然我不知道自己在做什么，但我热爱每一分钟。我的上司是负责营销的副总裁，他叫我"火焰"，因为我长着一头乱蓬蓬的红褐色头发，虽然我完全没有接受过正式培训，但跟着他我学会了很多东西。

也是吉星高照，在我们发布了基于 UNIX 开发的计算机系统后，第一个季度就获得了 2000 万美元的收入。在产品发布后的第二季度，我们这匹"黑马"，成为美国历史上第七大 IPO。

但仅仅 3 个月后，我们这匹"黑马"就陷入了泥潭。（看看世事多么无常。）我们亮眼的收入主要来自分销商的购买，但他们没有终端客户，开始要求我们退货。感觉这个公司的前景不妙，我跳槽到了博思·艾伦（Booz Allen），一家战略管理咨询公司，因为我觉得我可以在这里得到系统的培训，同时可以丰富我的商业背景。这里实在是读 MBA 的好地方，我不仅不用付学费，还可以拿到工资！在那里工作的几年，我学到了所有商学院教授的基础知识，比如如何分析市场规模和潜力，阅读和创建财务报表，做预估，进行用户市场研究等。

博思聘我时承诺，我将主要接待技术客户，和他们研究新产品策略，但最终我接待的大部分都是消费型公司。我印象最深的一个项目是关于新游轮的，我花了几个月的时间设计它的企划。鉴于我从来没坐过游轮，于是我马上被派去参加了一场"产品体验之旅"——也就是游轮旅行。我简直不敢相信我运气这么好。接下来的几个月里，针对维京、挪威和皇家加勒比的船只，我组织了小组讨论。（如果你曾在船上享受过私人阳台或跑道，那就得感谢我们的团队。）

坐游轮真的是个很好的学习过程（更不用说用户研究和可用性测试的速成课程了），但我还是怀念和科技公司打交道的感觉，也不希望等我重新进入科技领域时跟不上节奏。因此我离开了博思，自己创建了一家技术咨询公司。我的合作伙伴一个在美国，两个在欧洲，根据不同的客户我们会组建不同的团队。公司经营得很顺利，直到我们在两周内被盗了两次。第二次，我们的备用电脑丢了，里面有我们所有的研究成果和为最大客户做的最终项目报告。（经历了第一次偷盗后，我们处于一片混乱之中，没有做任何备份。）我们失去了这个客户，现金流也断了。我们不得不遣散了员工，退租了办公场地。简直太绝望了。

我想退出咨询业重回高科技行业。接下来的几个月我都在面试，但我离开这一行太久了，我的面试官，也就是我未来的老板，不仅比我年轻，资历也没我高。这让我意识到，如果我想重回高科技行业，且保持离开前的水平，我需要自己干点事情。之后不久，我全身心投入创业，找到了自己的步调。所以，在事业起起伏伏，且没有一个完整的五年计划的情况下，你可以成为一名成功的企业家吗？当然可以。

有马克·扎克伯格（Mark Zuckerberg）这样的神童，加上"140字"的"微"时代的到来，给今天的年轻人带来了巨大的压力，觉得成功要趁早。花旗集团（Citi）首席创新官、花旗风险投资公司（Citi Ventures）首席执行官黛比·霍普金斯（Debby Hopkins）说："你不能仅仅通过浏览新闻头条建立你的职业生涯。你必须花时间层层分析业务问题，充分理解它们，并提供解决方案。"

黛比自己曲折的职业生涯有力地证明了剥洋葱的有效性。她35年的职业生涯涉及了5个行业，其中4个是制造业。虽然传统的观念是在一个行业摸爬滚打，升职加薪，但她发现，把自己的知识运用到新行业的过程中获得的丰富经验，使她在思考问题和解决问题时更加认真且更具创造力。

黛比的第一个工作是在福特（Ford）拖拉机部，那个部门只有她一个女性。你可能不觉得这个工作能为她如今在花旗银行解决问题时提供多少思路，但她说事实恰恰相反。在福特，她和工程师们一起为特殊定制的拖拉机定价。他们教会她进行系统思考：不仅要知道每个螺栓的作用，还要知道它们对机器的其他部分有何影响。她说："在我的职业生涯中，我一直使用这种系统思维。在移动社交世界中，你必须考虑用户的完整体验，要考虑到每个细节和每个步骤对整体的影响。"作为花旗银行的首席创新官，她一直致力于提升消费者的整体体验，而不是将业务视为一系列消费者交易。换句话说，要将业务看作拖拉机，而不仅仅是螺栓。

在事业不顺时，可以尝试不同的工作——无论是去老牌公司还是新兴公司，是去成立已久的公司还是初创公司。对未来的刻板、抽象的想法会让你错失良机。群聊工具 Beluga 的天才程序员兼联合创始人露西·张（Lucy Zhang）告诉我，她在谷歌的早期经历给她上了这一课。她在公司的第一个项目是谷歌推广。"我太理想化了，"她告诉我，"我从大学开始想做的就是机器学习。所以我去了谷歌新闻，我很多朋友在那儿，而且那里有很多的机器学习项目。"

几年后，她才意识到她给谷歌推广——公司的主要收入来源——留下了多大的财富。首先，这是一个在公司内部具有高度影响力的工作。其次，她的技术领导中有一位特别好的导师，这位导师总是积极确保她的工作得到认可。

她在谷歌新闻干了三年，不是因为她喜欢这个工作，只是她觉得"习惯了"。当她开始独立学习 iOS（苹果公司开发的移动操作系统）开发时，她重燃了激情，最后她做出了离开谷歌的艰难决定。最终，露西和另外两名前谷歌员工一起开发了群聊工具 Beluga，并在 2011 年发布几个月后将其出售给了脸谱网。事实证明，离开谷歌是正确的决定。她现在在脸谱网工作。

创 业

如今创业广受人们关注。现在人们将自主创业看作成功的捷径、勇敢尝试的最佳选择、创造型天才大放异彩的机会。与此同时，人们认为在企业工作是小打小闹。但这种想法其实是不必要的零和博弈。到企业工作是有好处的。虽然加入一家大型、有资历的公司，你的自主性会受限，但你想做一些事情时，你拥有的资源也是无可比拟的。还有，你的收入也会很稳定。

显然，你不需要成为创始人，也不需要加入一个新的正在高速发展的公司获取探索技术前沿的工作经验。与我交谈过的许多女性都认为不应该目光过于狭隘，只以创立公司为目标。相反，你应该多与优秀的人一起共事，处理一些更大的问题。美国云火炬（Cloudflare）的联合创始人兼首席运营官米歇尔·扎特林（Michelle Zatlyn）说得很好："找一个你真正感兴趣，且完成后会有成就感的项目，然后完美地完成。如果你能带领团队来做，那很好，但如果已经有一个团队做得很好，那就加入他们。"

米歇尔上商学院是希望毕业后能加入一家高速发展的公司。她告诉我："我想找一家发展中的公司，就是谷歌还没有成为谷歌或者星巴克还不是如今的星巴克这样的公司。"但在哈佛大学最后一学期的时候，她和同班同学马修·普林斯（Matthew Prince）一起参与了学校的一个商业企划比赛，最终成果将参与全校范围的评比。就是这个比赛之后，她转变了之前的目标。

"我从来没说过'我要创立一个公司'这种话。我参加这个项目只是因为我想学学如何营销。"在这一学期中，这个学校项目 —— 网络安全管理公司 —— 逐渐发展成为一个可行的商业计划。米歇尔非常享受她每天的工作。

与此同时，她也找到了自己的"谷歌"，以前的一个同学邀请她到领英（LinkedIn）工作。这正是她梦寐以求的事情，但她当时还没准备离开美国云火炬。他们那会儿已经赢了竞赛，并得到了一家风投公司"暑期资助项目"的资助，这让米歇尔觉得创业是一个可靠的选择，因此她难以抉择。最终她决定留在美国云火炬，看看她能做出什么成就。她拒绝那个在领英的朋友时，对方说："你这个决定是你人生中最大的错误。"米歇尔告诉我："我对我的这个选择也没有十足的信心。"当时是 2009 年夏天。

时间快进到今天，尽管领英如米歇尔所料，迅速发展起来，但她也没后悔自己的决定。美国云火炬也取得了巨大的成功。如今，美国云火炬有 425 名员工，公司遍布加利福尼亚州旧金山市、得克萨斯州奥斯汀市、伊利诺伊州香槟市、马萨诸塞州波士顿市、华盛顿、伦敦和新加坡。2014年美国云火炬保护了一家公司免受有史以来最大的分布式拒绝服务攻击,这是黑客用来关闭网站的攻击。如今,该公司运营着世界上最大的网络之一,每月处理超过10万亿次访问请求,服务全球25亿网民的近10%。

"我们真的把这个校园项目付诸实践,我们开了公司,有了真正的客户,400万客户,我们正在兑现我们的承诺。"她自豪地说。

至少花些时间为大公司工作是明智的做法,尤其是在职业生涯早期,不管你是否把它视为你的最终目标。索尼娅·帕金斯(Sonja Perkins)是一位资深的风险投资家,她的大部分职业生涯都在门罗风险投资公司(Menlo Ventures)度过,她在

缓缓起步、加速前进

新经济时代,瞬息万变。人们没有耐心静待花开,而且竞争总让人感觉如芒在背。许多白领和企业家受此影响,不及细思就匆匆开工,结果频频出错。比起一开始就花些时间考虑周全,从而一次成功,弥补错误所花费的时间和金钱往往更多。不论你是在制造业还是服务业,开始行动之前都要经过深思熟虑。以简单为指导原则,以防深陷泥潭。一旦确定了解决方案,就快速执行。

2015年被《价值》（Worth）杂志评为全球最具金融影响力的100人之一。她对最近的一种趋势感到不安，这种趋势认为在年轻时创立一家公司是很理想的。"高中的孩子们正在举办商业计划竞赛，斯坦福大学的学生为了成为企业家而辍学。对我来说，这意味着'我不想有老板'，"她说，"我总是告诉年轻人，企业家是天生的，不是后天培养的。除非他们渴望解决未解决的问题，否则他们的重点应该是接受良好的教育，并在最好的公司找到最聪明的人才与他们合作。有了良好的基础，他们以后就可以真正地做他们想做的任何事情。"

索尼娅将自己未来的成功归功于她在 TA Associates（一家私募股权公司）工作的前三年，她为传奇人物凯文·兰德里（Kevin Landry）工作。她每天都在跟"美国几乎所有有潜力的、吸引人的软件公司"进行电话推销和会议。她发现了很多对公司来说很好的投资项目，包括迈克菲软件公司（McAfee Associates）、OnTrack 和 Artisoft。她热爱这份工作，但三年后她离开了，因为她很早就决定要成为一家风险投资公司的合伙人。在当时，这意味着要去顶尖的商学院。她选择了哈佛大学，但她觉得 TA Associates 是她接受过的最好的教育。她回忆道："如果没有在 TA 工作的那三年，我不可能在门罗风险投资公司做了 20 年的合伙人。我就不会有成功所需的基础。凯文·兰德里是最棒的——他值得尊敬，渴望胜利，并且信任他的伙伴。TA 的所有人都是如此。"

莉雅·布斯克（Leah Busque）是弹性劳动力公司跑腿兔（TaskRabbit）的创始人。她在自己的公寓里创办了这家公司，因为她希望能有人给她的狗买些食物。从那以后，她在全球范围内扩张业务，获得了近5000万美元的风险投资，彻底改变了人们的工作方式。《快公司》(*Fast Company*)杂志将她评为100位最具创造力的商界人士之一。根据这位梦想家的履历，你可能会惊讶地发现莉雅在IBM当了8年的程序员。那里保守的公司流程意味着，"如果你不能百分之百确定它会起作用"，你就不能提交代码。她在IBM获得的纪律和职业道德为她树立了高质量的标准，帮助她将跑腿兔发展成为一家一流的消费者服务公司，其中准时和服务质量是最重要的标准。

奢侈品寄售网站TheRealReal.com的创始人朱莉·温赖特（Julie Wainwright）也认为做过员工是很好的学习经历。从普渡大学（Purdue）毕业后，她为自己争取到了高乐氏（Clorox）品牌管理的职位，这个职位通常是留给商学院毕业生的。她告诉我："我告诉他们，你们不必付我和工商管理硕士一样多的工资，于是他们就给了我一个机会。"

三年后，她对损益计算、市场策略和市场管理样样精通。但她清楚地知道自己想换家公司："除了人力资源部，女性没有其他高管职位可以选择。"她接下来换到了软件出版集团（Software Publishing Corp.），这是第一批私人软件公司之一。在这里她不仅获得了技能上的提升，同时还获得了在一家大公司里类似创业的经历。她告诉我:"我要到欧洲负责国际分销。当时是我和另一个人一起做,但那个人被开除了。他曾经是我的老板。他们问:'你自己能应付吗?'我说:'可以,我觉得我能行。'我要做商业计划。我要做具体工作。我得做出成果。竭尽全力。"

重点在于,独立并不是自我充电的最佳选择。背后有一个组织可以为你提供机会、知识和严谨性。

内部创业及如何竭尽全力

我知道的最成功的企业家 —— 真的,我一直崇拜的偶像 —— 是个内部创业家,她在一家成熟的公司里开发了一个激动人心的新项目。黛布拉·罗西(Debra Rossi)在一家大银行工作了近 30 年。她是富国银行的执行副总裁和电子交易协会的主席。多年前,当她从事信用卡收购时,与她前同事的丈夫见了个面。他是一家初创公司的首席财务官,找不到银行处理他们公司的信用卡业务。

"你们赚到钱了吗?"她问他。

"没有,但我们有个大投资商。"他说。

"好吧,那你们公司是做什么的呢?"她问。

"网上拍卖 —— 大多是豆豆娃。"

没有一家银行想跟豆豆娃供应商做生意。但黛布拉不这么想。

听起来风险有点儿大,她想。可能不能成功,她又想。但这个生意听起来还蛮新颖又有趣的。

"我们来试一试吧。"她说。

这家公司就是亿贝(eBay)。他们很快扩展了业务,黛布拉又向前迈了一大步,与亿贝早期的首席执行官之一梅格·惠特曼(Meg Whitman)合作,成立了一家由富国银行和亿贝共有的公司,允许拍卖商在线处理交易。

在富国银行主导的互联网电子支付的几次巨大飞跃,只是黛布拉传奇事业的一部分。即使在一家有着165年历史的银行工作,在一个极端保守、高度监管的行业,她也愿意给科技初创企业一个机会。从电子现金到亿贝到贝宝(PayPal)到史克威尔(Square)再到Stripe(互联网支付处理平台),黛布拉·罗西一直是将创新型公司带入支付世界的指路明灯。当我问她是如何做到的,她说她总是能碰上好的团队而且上级领导也比较支持。她的首席执行官迪克·科瓦切维奇(Dick Kovacevich)非常支持新科技,尤其是那些能让银行业务对客户来说更容易、更灵活的措施。在他和其他高层的大力支持下,罗西说:"我们得以集中资源。"

以我和黛布拉共事的经验来看,虽然她的首席执行官的鼎力支持非常重要,但她还是过于谦虚了。很少有人能像罗西一样善于说服别人。

塔尼娅·欧米兹（Tanja Omeze）是另一个电力充沛的企业家。她曾在慧俪轻体（Weight Watchers）、学者出版社（Scholastic）、威瑞森无线（Verizon Wireless）以及亚马逊等公司工作，作为一个创新者，她打造了自己的品牌。比如，在威瑞森无线时，她担任数字营销和业务发展主管，她在团队中组建了一个超敏捷开发团队，帮助威瑞森在移动应用领域建立品牌信誉。其中一个成果是利用数据帮助客户找到优秀的移动应用程序，这为公司开创了新局面。

塔尼娅一直想自主创业，但在大学毕业后，她接受了一份工作邀请，她认为自己应该首先获得一些为他人工作的经验。进入

创新时，一种模式并不适合所有人

赛富时核心技术团队的主要成员考特尼·布罗德斯（Courtney Broadus）说，创新的关键在于——无论是新功能的开发还是交付软件方式的创新——要在能够保证这个设计所能达到的最高质量标准的前提下快速开发完成。这一质量标准取决于公司类型和客户类型等。对赛富时来说，要想颠覆企业软件交付范式，必须在信任度上严格要求。我们要托管客户的数据，这是公司们的珍宝，因此不允许有任何闪失和失误。与此同时，像亚马逊或亿贝等面向消费者的公司，在加速发展时需要承担质量风险。

商学院后,她创办了一家公司,但并不成功。她又应聘到了一家美国公司,想利用这段时间想想下一步该做什么。但随着她事业的发展,她顿悟了:"在企业里,你有资源、有资金,可以真正做些有意思的事情。而且说服老板给你批款虽然很难,但比自己创业找投资商要容易得多。"

所以她开始以公司为平台施展自己的创业能力。她在引进新的前沿项目上,一次比一次准备充足。如今,作为亚马逊视频的营销总监,她比以往任何时候都更适合进行创新,因为她所在的企业文化明确支持创新者。

以下是塔尼娅给出的关于如何成为一名优秀的内部创业者的几点建议:

- **画下愿景**。塔尼娅说,如果你富有创造力,那这实际上是最容易的部分。这是你的日常工作,你知道哪里有问题,什么样的解决方案最有效。
- **设定期望值**。你要清楚地知道现在的努力是有风险的。你可能会失败,但同时成功的概率也很高,因此值得一试。有了这样的心理准备,即使失败了,你也可以接受。你从一开始就知道有这种可能。
- **寻找合作伙伴**。美国的公司是有正式规则的,但如果人们愿意,他们可以通过各种方式绕过这些规则。我们要找的就是那些愿意跳出条条框框、愿意从事令人兴奋的创业项目的人。如果你能与这些人合作，那么万事皆有可能。
- **争取一定的自主权**。如果你与大公司合作项目，就要忍受大公司的做派：层层签字，进度停滞不前——如果你真的签完所有字，可能已经妥协了很多次，以至于迷失了自己的想法。
- **分享荣耀**。作为一个项目的领导者，你肯定会取得成绩，塔尼娅说："所以，要正确对待荣耀，对人们的帮助和工作给予认可和赞扬。"分享荣誉比窃取荣誉要好得多。

为自己的贡献争取权益

在某种程度上，为自己的贡献争取权益会为今后成为真正的老板铺平道路。这就是说你的贡献得到了认可，不仅是口头表扬，你的职务和威望都有实质上的提升。最让人伤心的就是，你付出了全力，他们也知道你发挥了重要作用，但是却没有给你认可。我有一次就差点被踢出局。这种情况很容易解决，因为团队的其他成员非常清楚我的贡献，他们都愿意站在我这边。但这并没有让我好受多少。

嘉奖通常不是被给予的，而是索取来的。你需要主动争取。这件事的挑战性在于，你在为自己争取的同时，要告诫自己不要被那些令人讨厌的、一心向上爬的人同化，他们为了目的不择手段。事实上，电力充沛的女性是不惧怕自我宣传的。不要认为这是吹牛，把自己想象成一个深思熟虑的沟通者，一个能以影后级的表演把这个故事讲得引人入胜的人。否则，其他人会替你讲述你的故事——而且基于他们的优势、偏见和议程，你在故事中的角色可能重要也可能不重要。

一位女性技术高管告诉我，当她所在的一家处于上升期的初创公司决定提拔第一个产品主管时，她吸取了这一教训。她和另一位男性员工都是候选人，但她觉得自己稳操胜券。虽然她很尊敬这位同事，但她觉得做高层领导他还有所欠缺。他对公司的人事方面并不是特别上心，但她在这方面投入了大量的时间和精力，她认为她的付出提高了公司的效率，而且她的直接下属也比他多。

之后她却听到了这么一个噩耗：她的老板打算提拔她的同事。她努力分析眼前的情况：为什么她觉得显而易见的情况，她老板看不到呢？她开始反思过去人们是如何衡量她的表现的，突然意识到一些事情：公司没有参考标准可以用来衡量她的管理能力，人们不知道她的优秀，比如她在人事上的处理提高了公司的生产力、融洽了人际关系，及时解雇表现不好的员工（她觉得很有压力，但还是做了），招聘优秀的新员工，并将他们整合到团队中。除此之外，她的老板有很多事要处理，而且很多工作并没有直接参与。到目前为止，他所知道的只是一切进展顺利，但他不知道是谁让事情得以顺利开展。

那一刻她意识到，无论性别在这种情况下扮演了什么角色，她在管理自己的职业生涯上犯了一个重大错误。她一直专注于自己的工作，相信只要是金子总会发光的，她会得到应有的奖励。当公司还没发展起来时，这种做法是行得通的。但现在，她意识到，随着公司越做越大，机会越来越多，应该由她自己阐明自己的价值。

"我花了好长时间才重新证明了自己，"她告诉我，"因为这些东西很难说清楚。我知道为了成为一个好领导，我真的牺牲了很多，但我该怎么证明呢？"她发现最重要的指标是团队的留存率：她的团队的自愿离职率是零，这为公司节省了很多资源并提高了工作效率。与此同时，她的团队的非自愿离职率很高，换句话说，她解雇的员工比其他管理者要多，这说明为了保持高标准，她积极地精简团队。

现在她觉得自己有清晰、明确的理由告诉老板，为什么应该提拔她而不是她的同事了。她约见了她的老板，慷慨激昂地陈述了她的理由。她还概述了她的同事会遇到的问题。她老板听了之后思考了一下，欣然同意：这个决定下得太仓促了，没有真正考虑这个职位的需求。她将成为新的产品主管，而非她的同事。这次升职对她的职业生涯非常重要，让她有机会成为首席执行官。如果你也想得到升职的机会，你要找机会说明你的事迹，而且要自己说明你的工作是怎么创造出独一无二的价值的？

回顾我对职业生涯的管理，第二个可以让你们借鉴的经验是：寻求反馈，这是你塑造工作表现的一个"历史记录"。我会

> **有疑问的时候，不要犹豫**
>
> 我职业生涯中一而再，再而三犯的错误就是，为了一个明显不适合这个工作的人耽搁太久。解雇一个干了一半的员工是很难的，因为把他解雇了，剩下的那一半也没人干了。所以即使有人表现不佳，我们也一直拖着，担心他们走了情况会更糟。
>
> 我的建议是，在有疑问的时候，不要犹豫。（或者更简单地说，别让一颗老鼠屎毁了一锅粥，不管这个人多聪明，一个真正的混蛋会扰乱其他人的工作。）给表现不佳的员工一个机会，如果他们还不改进就解雇掉。一旦他们离开了，作为管理者，你会更有动力去引进满足你工作要求的人才。

特意去问那些和我一起工作的人，"我做得怎么样？我哪里可以改进？"然后记下他们的反馈，尤其是好的反馈。要做到这一点，最简单的方法就是使用公司常用的沟通方式，不管是电子邮件还是其他任何形式。我可能会说："你好，乔，谢谢你对我演讲和主持会议的肯定。这对我是很大的鼓励，所以很感谢你。"我将他们的话进行总结，并感谢他们的反馈。

这一交流记录了我做的工作和与我一起工作的人的感受。我从来不用猜他人的想法或者我在大局中的位置。如果我自认为所做的贡献和我实际上的贡献有出入，我可以马上进行修正。而且每当我的贡献受到质疑时,我都有足够的证据和信心。我能拿出手的不仅仅有自己的自我感觉和记忆,我有一堆同事们对我的正面评价。如果我的老板说,"你不擅长主持会议",我可以打开聊天记录说,"但是你看,乔说我做的工作非常出色"。事实上,我觉得我根本没必要分享这些记录。我保留这些记录是为了防止陷入自我怀疑,在需要自证的时候可以拿出证据。文字记录总是胜过陈述,所以准备一些一对一的聊天记录或者反馈,可以给你一个有力靠山。

收集反馈你需要做好以下心理准备:并不是所有反馈都是正面的。但这也是倾听反馈的有效之处。你不仅是创建一个自我贡献的记录,你也在收集自我提高的信息,看看在哪方面还可以努力。这不只是纸质(或电子)记录,这是持续不断的反馈过程,需要认真对待。你的老板会很欣赏你接受负面反馈的能力,因为这样更容易对你进行管理。

寻求反馈曾经让我发现了一个令人尴尬的盲点,这是我自己从来没有发现的。我们曾开过一家公司,在东海岸和西海岸都设立有办公室。我养成了早上5点在旧金山办公室开始一天工作的习惯。我喜欢抢在东海岸的同事前面到达办公室。我通常会独自享受一个小时的安静时光,喝喝咖啡,处理些杂事,这些杂事通常会给我的团队带来无数的工作任务。他们到办公室的时候,我已经在享受咖啡的那段时间做了好多工作了。他们到了办公室,我会给他们布置各种任务,期待得到他们的感谢,因为我做的事情可以让他们一天的工作高效有序地进行。

正如你可能猜到的那样，他们并不感激。他们都害怕"早上的玛格达琳娜"——我后来问他们的时候他们都非常诚实地告诉了我。他们的反馈让我意识到，我得调慢速度。我开始每天只喝一杯咖啡，留给同事热身的时间，让他们按自己的节奏开始新的一天。如果不是他们真实的反馈，我可能到今天还是一大早就像打了鸡血。

我认识的一些很有才华的女性非常担心听到反馈。对此我很困惑，但我的朋友，移动网络公司 Mighty Networks 的创始人吉娜·比安奇尼（Gina Bianchini），近期让我知道了其中的缘由。"我自我要求很高，这让我在事业早期很怕收到反馈，"她说，"不是说我不想得到反馈，但收到反馈会让我特别没有安全感。尤其是作为女性，你只有足够强大才会寻求反馈。"

认真地获取、记录并根据反馈自我调整还有一个好处：这向与你一起工作的所有人证明了，你正在努力做到最好。你认真负责、坚定自信且不骄傲自满，承认还有自我提升的空间。团队的成员都喜欢帮助这类人——无论你多么自信，有人站在你这边或者愿意为你说话总是好的。

挣老板的工资

一直以来，我上班都不是为了钱。但作为一个移民，本身就没什么钱，我开始逐渐认识到钱的重要性。金钱就是力量。一天的工作结束后，谁挣的钱多谁就是老大——即便是首席执行官也是受投资人左右。当我和索尼娅·帕金斯开始为创建女性风险投资和天使投资者组织［后来被称为百老汇天使（Broadway Angels）］制定战略时，我们讨论了这个组织的目的应该是什么。

索尼娅说："这个组织的目的就是让人乐在其中。"

我说："我们把目标定为挣钱，而且我们乐在其中，怎么样？"我们都同意了。

钱是衡量你正在创造的价值的一个标准。虽然这个标准还不完美也不是唯一的，但我发现很多女性都不喜欢将其作为评判标准，甚至会回避它。一直以来，我们的身份地位都不是由银行账户决定的，所以我们会强调职业满意度的其他方面：我们有多么热爱我们的工作，我们是否尊敬其他同事，我们是否对世界产生了积极影响。这些都是高尚的目的，但这些并不是商界用来衡量成功与否、分配权力的标准。如果我们想在商界取得成功，我们需要用商界的标准，即金钱。我们需要学习电子表格、预算、财务报表以及关于薪水的知识。我们需要习惯说出这些词。

钱很重要，不论对你还是你的公司，不论你是员工还是创始人。它给你带来竞争力。它给你话语权，可以自己做决定。它确立了你在市场上以及在专业领域的地位。如果同样的工作，你得到的报酬比其他人少，而且你知道这一点，无论你有多优秀，你的自信都会受到打击。

第一条准则：爱你所做。第二条准则：做有所得。朱莉·温赖特告诉我，如果可以重来一遍，她最大的愿望就是提高薪酬。她说："如果可以重来一遍，我会问我和其他高管比差在了哪里。我从来没问过，从来没有。"朱莉是一家以女性员工为主的高速发展的公司的首席执行官，没有一位候选人或现任员工问过她这个问题。"因为我已经告诉了他们问题在哪。"她说。

如果你自己不做调查，雇主付给你的工资可能不能体现你的价值，只是他们侥幸只用这么少的工资就聘请到了你。索尼娅的第一份工作，在 TA，就遭到了如此对待。她告诉她的老板她要辞职去读商学院时，她的老板提出付给她双倍工资。这个出价是想留住她，但事与愿违。她突然意识到，她在这家公司工作了三年，而她一直没拿到相应的报酬。虽然她很珍惜这段经历，但这是一个她永远都不会忘记的教训。

还记得我在第一章里说，销售未来可以成为成功的关键吗？为你的薪水（或者，如果你是企业家，为你的产品、服务或公司的价值）谈判，这是你所遇到的最直观的推销未来的例子之一。最好的谈判者不会用"我和他们"这种对立模式思考问题。他们会主动共同创造一个对双方都有利的未来。他们以一种对双方都有利的方式进行谈判。如果你能自信和坚定地描绘出未来图景的细节，你就占有先机。

我之前提过黛布拉·罗西的成功源于她能够看到并清晰地表达未来的样子。毫无疑问，她认为谈判是她的主要优势之一。这些年来,她与许多公司巨头签订了苛刻的合同,其中大部分巨头是男性。"他们一开始和我谈判就知道我不是好欺负的,"黛布拉·罗西说,"无论我们在谈判桌上怎么讨论,最终我们会达成一个对双方公司都有利的决定和交易。这不是个容易的事。但我很公正。我觉得每个人都这么认为。"

她最著名的谈判之一是和两个女人:亿贝时任首席执行官梅格·惠特曼,以及亿贝和富国银行合办的公司 Billpoint(提供个人对个人汇款服务)的首席执行官珍妮特·克莱恩(Janet Crane)。2001 年的时候,Billpoint 的主要竞争对手贝宝,从一个无名小公司发展成一个"真正让人头疼的竞争对手"。惠特曼想收购珍妮特·克莱恩的竞争对手。鉴于这两家公司之间的协议是排他性的,为了达成这一目的,亿贝需要收购富国银行在 BillPoint 35% 的股份。

"珍妮特是个很难对付的谈判者。我也很难对付。但我们互相尊重。即便这样,这个谈判也不是几天谈好的,这场拉锯战持续了好几个月。"黛布拉说。从黛布拉以及其他许多谈判桌上的故事中,我总结了三个经验教训。

知道自己的力量

在与亿贝的谈判中,黛布拉很幸运地掌握了一个很大的筹码:贝宝在利润丰厚的在线支付领域正逐渐击败亿贝,而亿贝如果想要收购贝宝,就会违反合同。"出价吧!"惠特曼如是说。黛布拉回忆道。

很少有谈判是以如此坦诚的对话开始的,这种对话体现了这两位女士对彼此的尊重和合作的诚意。

不管有没有杠杆作用,你在谈判桌上最有力的力量源泉都将来自你所提供的独一无二的东西。把你的注意力放在那里,而不是那些不利于你的因素上。顺便说一句,亿贝收购贝宝的计划并没有立即获得成功,贝宝在 2002 年选择了公开上市 —— 并立即与富国银行的罗西达成合作,选择将富国银行作为公司交易的金融引擎。(后来惠特曼获胜,以 15 亿美元收购贝宝震惊了市场。2015 年,贝宝再次独立,进行了第二次 IPO,现在的市值超过了亿贝。惠特曼不是傻瓜。)

直到今天,贝宝还是富国银行的客户 —— 就像早些时候一样,合同往往要经过几个月的谈判。

了解他们的需求

"要么听我的,要么滚蛋"是不可能成功的。秉着相互尊重、相互理解的前提,试着了解对方真正在意的内容。在黛布拉·罗西看来,这意味着研究双方的冲突(几乎每天都要审查从律师那里获得的新消息),并不断寻找创建共同立场的方法。黛布拉说:"你会想出新的办法的。'好吧,如果你不满意,那我们能做些什么？我们提供什么补偿能让你满意呢？'"

超越自我范畴

这是最重要的一条：你所推销的更伟大的共享未来是什么？这有助于消除谈话中的自我意识，让每个人都有一个双赢的心态。黛布拉说，和梅格谈判时，"我们知道交易比个人更重要。我们双方公司达成的交易结果比个人得失更重要"。

后来，在与贝宝合作时，黛布拉将时任首席运营官雷德·霍夫曼（Reid Hoffman）和其他团队成员派驻贝宝，以确保这家羽翼未丰的公司的生存能力——这是一场非正式但又充满紧迫感的谈判。贝宝在首次公开募股后与富国银行接洽时，与他们合作的是一家不知名的小银行。他们真的不知道如何将自己的业务从不正规的支付模式转型为安全、合规的金融交易。

黛布拉说："我们的合作之所以这么好，是因为贝宝没有后顾之忧。他们做好了万全准备。他们动作迅速，我们保驾护航，并在途中对他们说'等一等'，以便他们可以顺利地、安全地成长。"

黛布拉说得很容易，但对贝宝这样快速发展的公司来说，没有什么比解决合规问题更痛苦的了，创建符合规定的流程和操作是一套非常繁重的工作。幸运的是，他们与黛布拉这样有能力有威信的人一起合作。富国银行对此很有经验，在帮助贝宝实现合规的同时，尽可能减轻公司和客户的负担。

"我常对他们说，'我知道这对你们很难'，因为他们经常打电话抱怨，'不，我们不会这么做。你在开玩笑吧。'"黛布拉说，"我会说，'你们这么想：虽然很难，但我们是为了让公司发展得更好。'如今，贝宝拥有最好的安全引擎，我认为富国银行在某种程度上做出了贡献。他们总是跟我说，这不是价格的问题，是我们之间的交情，以及我们对他们的帮助。"

换句话说，富国银行为贝宝提供的整体价值让他们可以比竞争对手开出更高的价格。让我们说回薪资谈判，当你可以自信地推销你的未来时，你就在谈判中占了上风。了解你如今的公平市场价值，但不要依赖它来证明你应得的薪资；相反，你应该向对方推销你们共同未来的细节。如果你可以说明，你可以带来更光明更美好的未来，你就有谈论薪资的资本。

职业生涯的成功很大程度上取决于所谓的"心理控制源"：你觉得你被过去的事情困住了吗？你是否相信，即使失去了一切，你仍有能力改变现状？我们不能控制一切，在每个职业生涯中都会有这样的时刻。但你永远是自己的老板。你一定要给这个"老板"足够的权力。

向上一步
power up

第三章　你比你想象的更强大

作为一个员工甚至是领导者，你自信、有能力。你每天都用最好的状态工作。简单地说，你充满能量。没有什么是你做不到的。

但当你的同事或者其他专业人士关心的是你衣服里面穿了什么而不是你脑子里装了什么时，你的电力似乎会瞬间消失。无论是言语间的暗示还是公开的调戏，都是一种伤害。更糟的情况是，这可能会导致自我怀疑甚至让你感到羞愧：是我的某些行为导致了这些情况吗？

你力量越强大，答案越显而易见：当然不是。

我的秘密力量源泉是，我有一件想象的盔甲。当有人妄想用性别侮辱我时，我会披上一件谓之庄重的盔甲。

让我给你讲讲在 20 世纪 80 年代的高科技领域，我是如何处理这种情况的。当时我 21 岁，刚刚走出校园，在微处理器制造商 AMD（英特尔的主要竞争对手）应聘到了第一份工作，做产品设计工程师。我所在的部门只有两个女性，一个是我，没有任何行政头衔,另一个是法律事务相关的,远比我资历高。虽然我和她有过几次接触,但她不想和我有任何往来。

如今AMD的首席执行官是位女性。但1981年的时候可不是,当时掌权的是杰里·桑德斯(Jerry Sanders),一位手腕强硬的推销员。像休·海夫纳(Hugh Hefner)和史蒂夫·乔布斯一样,杰里也曾上过严肃的商业杂志封面,穿着浴袍,开着一辆白色宾利敞篷车。事实上,我很喜欢杰里,他很温暖、真诚、积极进取。问题是,在他的领导下,挑逗女性已经成为销售培训过程中约定俗成的活动,或许还是参与率最高的企业活动。

我刚到这家公司,就受邀参加一个全国销售会议,这是我第一次参加这样的会议。我非常激动,且不知所措。

会议在星期一早上八点开始。我是数百名现场销售代表中的唯一一名女性——其他人全都是男性,且大多数是典型的"阿尔法男性"——他们来自全国各地,学习如何推销AMD半导体。

根据会议日程,我们将以"令人大开眼界"的方式开始为期一周的会议。我不知道这是什么意思,但我能感觉到房间里有一种热烈的期待。这些男人对销售充满热情,但很难想象有什么事情能让他们在周一一大早就这么亢奋。

大幕拉开后,我确实大开眼界:舞台上站满了穿着性感的女性。随着舞蹈越来越性感,房间里爆发出一阵阵起哄的声音。我从来没遇到过这种场面。我在土耳其长大,而这里充斥着我父亲一再警告我要远离的"放荡自由"的美国文化。

我坐在那里，从心底里觉得不舒服，还有点儿慌乱：这是我职业生涯的开始吗？这是我的公司吗？未来几年都要如此吗？

我不喜欢当时的感觉：无助。接下来的几个小时，我只是坐在那儿任凭会议继续，完全无心学习公司的销售策略。突然间，除了感到羞愧，我别无他感。但当我们离开礼堂时，除了有几个人不自在地瞟了我几眼外，我看不出其他人对我有什么不同。他们有吗？

最后，我完全不在意了，因为我在心里已经做出了一个明确的决定：我再也不会让任何人令我有那种感觉了。我在夺回控制自己情绪的能力。庄重（你的尊严和严肃的结合）永远在你的掌控之中。

很快我得到了一个证明自己的机会。还是这次会议，两天后，我们在一个类似于歌厅的地方吃饭，饭前有一场表演。灯光暗了下来，聚光灯打在了几个袒胸露乳的女人身上，她们互相爱抚以取悦人群。这次我没有脸红。好吧，我有一点点不好意思。但我一点也没感到无助。这次我有了应对之策。

表演结束后，人们开始用餐。我径直穿过房间，走到杰里·桑德斯身边，他正要起身，我把他拉到一边。我之前没有见过他。

我知道如果想要他认真对待我，我得好好表现，我不能让他看出我的烦躁。我摆出一副严肃的表情，直视杰里的眼睛。这是我第一次使用这个技巧，而在我之后的职业生涯中，我又反反复复用过很多次。

"我们需要谈一谈，"我说，"我是你公司的一位工程师，刚才那场表演就我个人而言我觉得是难以接受的。这场脱衣舞表演让我觉得我在公司里不被尊重。你想让你新招募的工程师有这种感觉吗？"我语调平缓，虽然不带有任何情绪，但很坚定。作为我的老板，杰里需要明白，他要对我的幸福感负责。我的问题就是他的问题。他刚刚让我感到不舒服了。

不管是否手腕强硬，杰里·桑德斯当时完全不知如何应对。所以他提供了当时他能想到的最好的补偿："要不你来我的包间吃饭吧，我一会儿要招待非常重要的经销商。我听说你是个非常优秀的工程师，我相信，他们会喜欢有一个年轻漂亮的女人陪伴。"

最后那句话？我翻了个白眼，暂时就这么算了。对他来说，这是最高的评价，而且我感觉，那天晚上我的话已经够杰里·桑德斯消化一下了。就这样，那天晚上，一个在AMD没有任何资历的新人，坐在VIP包间，与顶级的商业伙伴推杯换盏。

通过这顿晚饭，我的事业向前推进了一步。我没有大发雷霆、咄咄逼人，相反我和蔼可亲，但态度坚决。我并没有公然反对脱衣舞，我只是让在场的每个人意识到，我当时的感觉是什么样的。当我的同事们像猩猩一样丑态毕现时，我，玛格达琳娜不得不坐在那里。

第二天，我就成了会议上讨论的焦点，在公司一举成名。这些销售员都在讨论我的大胆行径，而不是微处理器——也不是脱衣舞女郎。我感觉良好，因为我不仅向 CEO 和高层管理者表明了我的立场，通过这些议论，大多数与会者也知道了我的态度。我以友好、开放的态度处理所有尴尬的问题，并参与了所有与脱衣舞女郎不相关的话题。当然也没有人问我对这些秀的观感，他们知道答案。

你比你想象的更有能力保护自己。我在一个全是花花公子的环境中工作时，这种态度保护了我。

自那天起，此类会议再也没有类似的表演——至少，我在公司的时候没有。（我听说，我离开公司后，销售会议又在声色场所开了几年，这是衡量父权制持久性的一个相当"公平"的指标。）

我在 AMD 学到了这么一课：你比你想象的更有能力保护自己。通过掌控自己的职业生涯和形象，你的标签定义了你是谁，你可以有效地向世界传达你的能力。

保持庄重

庄重不是一朝一夕的事情，它是你职业生涯中每天都要注意的事情。它表现在与人接触时，你握手的姿势、你的眼神、你得体的微笑、你真诚的问候、你走路的姿势、你的仪态、你的形象以及你所说的一切,"我是认真的,和你一样。我非常严肃,和你一样。我有能力,和你一样。我和你一样好。事实上,我可能还要更好一点"。

人类也是动物世界的一部分。我们互相试探彼此的意图。所以将自己的意图——"以专业取胜"——表达清楚,让自己一开始就处于有利地位。这一信息还将通过你的穿着及肢体语言继续传递。与人见面时,我站姿挺拔、不卑不亢,坚定地握手,面带微笑并直视对方的眼睛。与此同时,我又是友好和开放的,真诚地表达出认识新同事的兴趣和兴奋。不论面对男女,我的行为一致。

最近我在一个朋友家里,她21岁的女儿也在那里。她告诉我,她将要参加一个专业的面试,向我请教面试的技巧。我对她选的面试服装很吃惊。她穿了一件非常休闲的上衣,下面配了一条又短又紧的裙子。回答完她的问题后,我告诉她,最重要的技巧就是,她应该换一套看起来更加专业的服装。

对此,她马上提出相反的意见。"现在已经与以前大不相同了,玛格达琳娜,"她告诉我,带着年轻人特有的自信,"工作的时候你可以做自己。"

当然,她是对的:今时不同往日。年轻女性在各个领域都有了一席之地,而这种天生的自信和力量让她们在着装和举止上有了相当大的自由。我赞赏这种自信,但这并不能消除建立专业形象的重要性。

令人惊叹的是，千禧一代的女性认为，即使在男性主导的领域，也没有必要像Cardlytics（数字广告平台）的传奇创始人琳恩·洛布（Lynne Laube）和许多其他女性一样。"把所有代表我女性特质的特点都隐藏起来。"用琳恩的话说，"在我职业生涯的早期，我从事金融服务，我穿着长裤套装，谈论足球（我讨厌足球），我开着男性开的玩笑。同时，我也会刻意避免做一些事情。我从未使用过一些现在成为我强项的特质。我藏起了我的同理心。我不想讨论事情'柔情'的一面，比如顾客或员工对某些事情的反应。当时在我的公司，如果你不能用数学量化这种反应，那它就是不存在的。"

虽然我也很喜欢短裙和漂亮的T恤，但我总觉得这种打扮跟办公室团队的默认制服——普通的、不起眼的深色羊毛裤子和带纽扣的衬衫格格不入。但也有一些女性特质是我不愿隐藏的。我留着一头浓密的红褐色长发，没做任何烫染，这让我得到了"火焰"的绰号。我也不化妆，因为我没耐心也没时间化了又卸。换句话说，我用自己的方式选择了我愿意呈现的女性特质。我不依附于任何人的标准。

在我的成长过程中，我父亲一直反复向我灌输一个观点，我就像大理石一样。他常说，大理石很漂亮，有独特的纹理，人们从来不在它上面涂抹。回想起来，我选择不做头发、不化妆也是自信的表现，包括我的女性气质的展现。在一个为他人着想至关重要的文化中长大，我会在会议期间为大家拿咖啡或饼干，这让风险投资公司的男性合伙人感到震惊。相信我：当我们谈正事的时候，我可能比房间里最恶毒的人还要恶毒；但在撕破脸之前，我要先让他们尝点甜头。我从小就被教育要礼貌待人。在我的家乡，热情好客是头等大事，无论男女。

如今，高科技和几乎所有其他行业的领导者都越来越重视在工作中展现真实的自我。这是件好事。自己穿的衣服首先要自己觉得舒服。当你想要的是充满自信地提出一些独特的观点时，穿别人的制服会让你觉得自己像个冒名顶替者。商业作家卡莱尔·阿德勒（Carlye Adler）告诉我她向她的第一位女性老板询问着装要求时发生的事情。她的老板没有给出简单的要求，而是说道："我在《华尔街日报》工作的时候，最成功的那个记者每天都穿着一条绿色皮裙。穿你觉得舒服的衣服就行。"这似乎是硅谷帽衫族的精神所在，毕竟他们更倾向于实用主义。

桑德拉·戴·奥康纳（Sandra Day O'Connor），第一位女性最高法院法官，是我的偶像之一。和所有的女性开拓者一样，要想成为法官，她必须比她的同事们更加努力。我有幸见过她一面，因为她的儿子是我斯坦福大学的同学。听她谈论她所面临的挑战，我没有感觉到强硬及苦涩，我看到的是一位非常务实的女性，且不惧展现柔情和爱。在与她的简短交谈中，她告诉我她经常给同事们烤饼干，他们非常喜欢吃，她也相信这让他们工作更起劲。她习惯于母亲般的领导方式。养育者的身份并不会让你变得软弱或顺从，没有人会把奥康纳与这两个形容词联系在一起。

但说实话，社会仍然试图对女性进行分类，找到一个自信、诚恳的领导还是不容易的。大多数科技公司——从我刚入行到如今——要么看重的是女性的思想，要么看重的是外表。这一传统可以从讲述脸谱网创业史的电影《社交网络》和电视剧《硅谷》中看到。"展台宝贝"和"营销辣妹"在这个行业刚刚起步的时候就大受欢迎，现在仍是如此，虽然科技行业的女性都对此不满。我工作的所有地方，前台都是漂亮的女性，而且穿得像播音员一样。我记得有一次一个前台接待员走进我们这个全是工程师的房间，一股兴奋的情绪迅速蔓延开来。她一走，其中一个工程师对我说："她可能看起来很漂亮，但她可能认为快速傅里叶变换是一匹赛马。"（快速傅里叶变换是一种在工程中经常使用的数值算法。）他的二元思维很符合计算机工程师的人设，他认为女人要么漂亮而不聪明，要么聪明但不漂亮。

总的来说，当今女性仍然承担着对这些二元思考者进行再教育的繁重工作，一次一个人。硅谷和其他地方的公司领导人需要站出来改变这种状况，而每一位女性都应该（非常应该，我将在本章后面讲到）放心地要求他们这么做。但与此同时，你的衣着是近在咫尺的可以利用的工具，帮你进一步实现目标、塑造形象。问问你自己，我想成为什么样的人？我为自己打造的商标是什么，我如何通过服装展示出来？男性也该问问自己这个问题，虽然他们在服装的选择上要少很多。

我们每个人都会有自己的答案，但这种有意识的评估可能会引出更精准的选择，而不仅仅只是"感觉不错"。每个行业都有自己的文化，而你可以在符合当下文化的前提下通过衣着打扮定义自我。这很现实，但这是真实情况。重点在于确定你之后的目标是什么，然后选择合适的包装打造自己的形象以更加接近目标——你要有意识地、谨慎地、真诚地、快乐地选择。

雷切尔·玛多（Rachel Maddow）在接受《莱尼》（*Lenny*）杂志采访时谈到了着装方式。作家格蕾丝·邓纳姆（Grace Dunham）问玛多，她从激进分子到 MSNBC 主流主持人，这中间是否做过什么妥协。玛多的回答很精彩："我觉得我不需要编造一些不属于我的故事，也不需要立人设。我确实是用了一段时间才学到，如果你想让人们听到你的声音，有哪些最基本的事情是需要做到的，这就是为什么自上电视以来，我一直保持着同样的发型，也是为什么我每天都穿着大同小异的外套。我办公室的一个小衣架上挂着所有我上节目时穿的衣服。我女朋友管它叫德国彩虹①的所有颜色。灰色，黑色，我觉得特别高兴的时候会选略带绿色的灰色。我不想让我的衣着分散人们的注意力，我只想他们聆听我的声音。"

玛多需要采访各类人，从里克·桑托勒姆（Rick Santo-

---

① 德国音响品牌名。

rum）到伊丽莎白·沃伦（Elizabeth Warren），并提出尖锐的问题——对于这种极端的情况，她想出了一个极简主义的解决方案，对我们很有启发意义。有些人会希望服装成为谈话的一部分。有些人，例如玛多，不会。但我们需要知道，我们的外表是会替我们说话的。

关于最佳着装的一点：穿那些让你感觉最强大、最能掌控周围环境的衣服。比起其他人对你着装的看法，自己的看法更重要。我们从大学毕业后不久，我最好的朋友克丽丝蒂·瓦格纳（Kristi Wagner）转到了计算机领域，尽管她学的是生物学，对计算机一窍不通。她习惯穿套装，用她自己的话来说，她一穿上套装就信心大增，这让她感觉"极棒"。随着时间的推移，这种态度帮助她在事业上步步高升。如果你穿黑色裙子觉得最强大，那就穿黑裙子。当你内心感到强大且自信时，你就会把这种感觉传达给全世界。这是你想给自己贴的标签：强大且自信。

性骚扰是犯罪

无论犯罪者是男性还是女性，是异性恋还是同性恋，性骚扰都是错误的。我想鼓励所有受到骚扰的人提出正式的、公开的、有记录的投诉。（我注意到，对于女性来说，公开谈论性骚扰有些难以启齿，许多女性拒绝接受本章的采访。对于那些经历过性骚扰的男性来说，情况就更难了。）在解决问题时，仔细的、基于事实证明的文件是最有力的。它不带有主观解读和情感偏颇，让决策者——人力资源人员、管理层、阅读报道的公众或法庭上的陪审团——能够根据事实得出结论。

我经常想，为什么在性别解放多年之后，我们女性仍然不敢公开揭发骚扰者或提出正式诉讼。从本质上讲，我们仍然在保护他们。虽然我们现在有很多方式和工具可以曝光或者起诉，但我们还是退缩了，连用自己的个人博客曝光也不敢，即使情况严重到需要换公司，或者可能会毁掉我们的职业生涯，我们也不敢。为何如此呢？

原因很简单：对女性来说，科技行业一开始就是一个孤独的地方，当面临骚扰时，就立刻变得更加孤独。男性同事甚至是女性同事通常不甚在意，"他不是那个意思"或者"你想太多了"，更有甚者，"你开不了玩笑吗"。所有这些评论暗含着：他们让你觉得你在制造麻烦。与此同时，为了找到归属感、融入团队，不"搅乱大局"，女性只能努力工作。当她们真的举报这些罪行时，往往要比被告承受的更多，她们会受到正式或非正式的惩罚，比如降职或被列入"难以共事"的黑名单。

女性只有在感到安全的情况下才会主动报案。这意味着我们需要共同努力，向其他女性伸出援手，让我们的声音更响亮、更清晰地传达出去，让我们的旅程不再那么孤独。如果我们能主动上诉骚扰案件，并附上详细的索赔文件，其他女性也会愿意站出来。至于那些惩罚举报者的公司，它们应该被告上法庭。

当然，我在工作场所也经常遭受言语的骚扰，尤其是职业生涯的早期。在那个时候，似乎毫无疑问，我必须独自承担，你猜怎么了？我成了拒绝别人求爱的专家。由于身边没有支持者，许多女性会使用正式渠道阻止骚扰，这种做法在当下可以控制局面，值得分享。

一个典型例子可能是这样的。参加会议时，一位男性可能也不怎么认识我，但他会走过来说："哇，你穿这条裙子真好看，它把你的身材曲线修饰得非常完美。会议结束后你有什么打算？"

我的第一法则就是永远不要回应。没有什么更好的办法控制这种局面。无论是出于兴趣还是感到愤怒，当你投入情感时，就很容易失去控制。保持理性，保持距离，忽视暗示，继续当下的话题，这对我是很有效的方式。刚上班时，我就决定不把工作与感情混为一谈。在这个"永远在线"的时代，这可能比以前更具挑战性。但对我来说，有了这条清晰的界限，当别人试图跨越时，我就更容易处理这种情况。

在刚开始工作的时候，处理这些暗示很容易。因为英语是我的第四语言，我只是逐字逐句地理解别人说的话，然后逐字逐句地做出回应。我的语言能力常常让我无法领会别人微妙的暗示。这让我很容易忽视那些可能不太合适的暗示，继续当下的话题。后来我能清楚地感知到有人越界，但我有意识地选择忽略，不管是正面的还是负面的。我的回应方式是面无表情、一言不发地回视。

还有一个泼冷水的方法是发问:"你能解释一下这是什么意思吗?"这样可以使对话一直保持正式、客观、不涉及情感领域。这很有效。事实上,没有什么其他方法比这个更容易让别人转移话题了。

在这些情况下,我逐渐分离出了另一个人格,像斯波克(Spock)一样,一个亲切的、中立的、疏离的来自其他星球的观察者。我会毫无感情地,用最清晰简明的语言说不。我不会表现出不适或不喜,我只是转移一下话题。从来没有男性再试着第二次撩我。

我很快意识到,大多数"坏"男人,那些故意越线调情或暗示的男人,不是敌军的机器人,被设置好程序专攻一位女性。他们会转换目标。调情是个非常刺激的挑战,甚至是个游戏:将会发生什么?她会上钩吗?换句话说,他们会根据你的行为衡量自己的行为。你可以随自己的意愿掌控交流的局势。这并不是说这种行为是无害的或可接受的——实际上,它很过分——只是它不会让你,作为接收方的女性,无能为力。把它想象成一种舞蹈,你的动作决定了他的动作。

如果我们从身为控制者的角度处理这种情况,那么我们就没有真正的敌人,只有需要控制的障碍。抱着这种态度,我会与一开始对我有其他"合作"想法的男性建立舒适、尊重的工作关系。

如果你经历了性骚扰——我希望只是如果——我个人的建议

实时纠正不良行为

范德音（Claudia Fan Munce）在 IBM 工作了 30 多年，现在是新企业联合公司的风险投资家，在她漫长而成功的职业生涯中有很多机会磨练她对不当言论的反应。她最重要的收获是什么？训练自己实时地对这种行为做出反应。如果某件事让你不舒服，不要过度考虑你该如何反应。说服自己放弃太容易了。相反，你应该马上去做。

"立即对这种情况做出回应，"范德音说，"你可以说，'哦，我希望你不是有意这么做的'或者'我不喜欢这样。我知道你会尊重我的想法。'"范德音经常用很幽默的方式缓解尴尬，她会说："嘿，这感觉像是骚扰——你是想被我们的人力资源主管约谈吗？"

是：用自己感到有力量的方式解决。每个女性的解决方法都不相同。要重新获得控制权，无论你回一个非常坚定而礼貌的"不"，还是寻求人力资源或者律师的帮助。你要认识到，提出正式的指控，即提供书面申请，并指控骚扰你的那个人，更有可能带来真正的改变，这不仅保护了你，也保护了工作中的其他女性。不是每个女性都愿意分出精力去承担这个风险，但我们必须选择自己的战斗。毕竟，男性一直以来都享有专注事业的特权，我们为什么不能呢？

但要明确这一点：我们都很感激那些挺身而出的女性，她们往往付出了巨大的个人代价。让我们一起努力，让这条道路不那么孤独。

向上一步
power up

第四章　拒绝"受害者"姿态

你是否遇到过这种情况，全世界都在怀疑你，但你仍保持着积极的态度努力向前？恭喜你成功解锁了企业家精神。企业家精神就是需要你不断自我充电以保持电量充足，一而再，再而三。

我们为赛富时募资的时候，吃了无数次的闭门羹。如今，赛富时飞速发展，收入超过 100 亿美元，所以当我跟人们讲当初的集资难题时，他们都觉得难以置信。但那几年，在几十场集资会上，我们听到了各种拒绝的理由。没有人相信企业会允许他们"王冠上的珍宝"——客户数据存储在由第三方拥有和托管的服务器上，尤其是一家没有名气的初创公司。

这些拒绝让我们无数次怀疑自己："如果那些赚钱的生意人认为我们赚不到钱，或许我们应该听听他们的意见。"我经历了很多个不眠夜，焦虑难安。我知道马克·贝尼奥夫也是如此，尤其是在"赌上公司"的时候，比如我们把公司从电话销售模式转变为企业直销模式的时候。著名风险投资公司凯鹏华盈（Kleiner Perkins）的合伙人雷·莱恩（Ray Lane），告诉我们这是

"自杀式企业"。他和许多人一样，认为低成本的电话销售模式和较短的销售周期才是我们的核心竞争优势。

马克认为，如果我们的最终目标不仅是为小企业服务，还准备拓展成为跨国大企业服务的公司，我们就需要按大企业的标准来，我们需要创建一支质量过硬的区域销售团队。雇用这个级别的销售需要巨额投资，而且这种投资要想获得回报需要一定的时间。因为你不可能打个电话就搞定一个客户，建立关系需要时间，对于大公司来说，就任何新的解决方案达成内部共识都需要更多时间。最终，大多数人都支持马克转向企业销售模式的愿景，我也是其中之一，这一转变让我们公司的收入快速增长。马克愿意为自己的愿景而战——尽管不可避免地会有怀疑的时刻——这就是为什么赛富时，而不是西贝尔，现在能够成为行业的领头羊。

企业家从不自我怀疑是假的，他们当然会。我一直以来也常常怀疑我自己。我会半夜惊醒、不能入睡。我变得偏执。我给自己制订了很高的标准，并且经常担心自己达不到这个标准，但我并不会让这种怀疑和担心指导我的行动。我将其看作投入一项冒险活动带来的不幸但不可避免的副作用。早晨起来，我又干劲十足，就像不曾失眠一样。我一直像我离开美国时，父母泼向我的那些水一样，柔软而坚定。

所以我一直和赛富时同进退。我们都是。我们专注于这项工作，找到了不用风险投资或机构投资的方法——顺便说一下，我们最终也没拉到投资。我们通过个人投资为公司募集资金，在最后一轮私人融资中，赛富时的战略得到认可，一家对冲公司加入进来。

对所有企业家来说保持积极的态度并不是那么容易——尤其是女性企业家，或者那些将自己视作局外人或失败者的人。失败者处于一个进退两难的境地。要从根本上消除障碍，甚至是对我们无意识的偏见，需要我们怀有坚定不移的决心。关于歧视的宣传和资料也会带来负面影响，虽然它们丰富了我们的认知，但同时让我们有更多的机会意识到各种各样的歧视包括性别歧视的存在。这会给我们的自信带来难以置信的挫败感。当我们开始感到这些力量在我们控制之外时，我们会觉得自己是受害者。我们变得多虑，失去信心。我们可能在一切还没开始之前就裹足不前。

所以我们一直在与自己的态度博弈。风险投资家索尼娅·帕金斯告诉那些想要取得成功的女性，把她们的期望重新设定为"困难"。想要赢不容易，而且永远不会容易。索尼娅说："你必须参与到游戏中去。很多人会担心，'完美还是不完美'或者'我是会被歧视还是不会被歧视'。与其忧心忡忡不如参与进去。要像职业足球运动员一样，他们知道自己会受伤，但他们义无反顾参与比赛，赢得荣誉。只有参与才有赢的机会。"

爱讯特是索尼娅·帕金斯进入风险投资行业的第一份工作，干了几周后，她突然意识到自己是波士顿办公室里唯一一位女性投资专业人士。在合伙人会议上，当她隔着巨大的会议桌，看着一大堆男性,她感到一阵严重的眩晕。她第一次开始思考,我是被雇来作为女性的代表的吗?然后她马上停下来,告诉自己振作起来。她进行了严肃的自我反省:我能坐在这就说明我有资格,我要相信自己,我可以赢。她确实赢了。

你可以了解一些数据,但别让这些数据成为你的拦路虎。数据只是一些数字,是平均值,不代表你的处境。做好为自己辩护的准备,建立自己的参考框架。本章的主题是如何在困难时期保持积极的心态。

宁为"泼妇"勿为受害者

面对惩罚女性嘉奖男性的双重标准,我们很难保持积极的心态。有时候,我们不得不在做个"泼妇"(意味着你可以拥有正当权利)和做个受害者(意味着你只能在自己的权力被剥夺时道歉和微笑)之间做出选择。

劳拉·德鲁扬(Lara Druyan),以前是技术专家,现任加拿大皇家银行创新实验室和投资部门负责人,回忆起她职业生涯中的一个关键时刻,她必须做出决定:我愿意当"泼妇"吗?

那是在20世纪90年代末,德鲁扬是硅谷图形公司(Silicon Graphics)的产品经理,这家公司当时以前沿创新闻名,其地位就像如今的谷歌。公司要求她和其他几名团队成员面向15名级别更高的同事和经理做演讲。那天房间里只有两名女性,而她是演讲者里唯一的一位女性。她的同事一个接一个做完了演讲，下面的听众一直保持尊重安静地听着。轮到德鲁扬的时候，场下的反应完全不同。

"房间里开始嘈杂起来，听众互相说着悄悄话。我开始之后，他们还是没有停下来。"她说。

她当下要立即对这种状况做出应对。正如她所见，她面临两个选择，就像决策树上的两条路：一条是保持"体面"，就这么算了，就对几个注意听的讲讲好了，期待其他正说话的人最后能安静下来。一条是做个"泼妇"，要求听众安静下来，向对其他宣讲人一样对她表示同样的尊重，这也是劳拉的选择。

我知道太多的女性都曾陷入过这种状况。那些直接、自信、有进取心的女性往往被冠以"泼妇"的名号。但这些女性勇敢自信、公平公正，比自己的竞争对手更出色。

斯坦福大学克莱曼性别研究所（Clayman Institute for Gender Research）将这些形容词称为主观特征。该机构对公司业绩评估进行了研究，发现女性往往会因为拥有这些特质而受到惩罚，而男性则会因为同样的特质获得奖励甚至晋升。

"泼妇"这个词本身就是对这种两性双重标准的最粗鲁的表达，这种标准像一种顽强的杂草，年复一年杜而不绝。在专业场合，（希望）你不会经常听到这个可怕的词，至少当面不会。尽管如此，成功女性还是害怕双重标准带来的负面后果。人们期望女性拥有的公共特质是乐于助人、支持他人、热情、富有同情心、随和、友好、协作等。你可以想象出这个女性的形象。但斯坦福大学的研究表明,女性不会因为拥有这些公共特质而得到晋升,也无法在职业生涯中取得进步,即使老板喜欢她们——也许部分原因是她们不具威胁性。斯坦福大学的这项研究有一个有趣的发现:管理者的性别似乎不会影响对女性的评价,这表明男性和女性都有这种偏见。

为了满足你的好奇心,我来说说劳拉:她是你能想象到的最不像"泼妇"的那类人。我和她共事过几次,她可能是我在风险投资行业工作期间遇到的最热情、最贴心的人。但劳拉最令我印象深刻的是她坚定的道德观和价值观。很多投资人的价值观不太稳定,但劳拉一直坚守自己的道德行为准则,并敢于揭发不诚实的人。她求真务实、幽默风趣、诚实守信。

那天在讲台上,劳拉权衡之后做出了选择。她抬高了声音,谴责了台下听众的行为。

"打扰各位一下,如果你们能像对待之前的演讲者一样给予我同样的尊重,我将感激不尽,"她对听众说,"是你们让我来做这个演讲的,所以我猜你们应该有兴趣听听我要讲什么。"

房间完全安静了下来。她对冷眼视而不见,开始了她的演讲。这件事令她压力很大,但之后,她觉得这是为自己站了出来。那天她做出的选择也是她之后下定决心要继续做出的选择:宁为"泼妇"不为受害者。

"我是个很好相与的人,所以我并不喜欢这样。但如果我必须做些什么才能让别人听到我的声音、表达我的观点或者完成某些事情，我非常愿意去做。"她说。劳拉清楚地知道对于应有的关注，什么时候应该努力争取。

在某些基本层面上，我们都希望被喜欢，甚至被爱。这不是女性的特质，是人类的特质。但做"泼妇"就要做好完全不被喜欢的准备。这就是"泼妇"这个词伤人的原因。但如果我们中有更多的人选择站出来，表达自己的意见，无论带来什么后果，我们都不需要害怕。

即使这个词淡出历史，我们也会面对同事耍阴招的情况，这时我们仍然要保持自信和理智。这种情况经常发生，而且这不是性别问题，是竞争环境中必然存在的权谋游戏，只是这对女性的影响可能更大。研究表明，同伴的严词厉语对女性的影响大于男性。在最近对221名MBA学生进行的一项研究中，研究人员要求男性和女性分别给自己和自己伙伴的领导能力打分。实验开始时，男性和女性给自己打的分都明显高于伙伴给的分数。但随着时间的推移，女性对自我评价的下调幅度要比男性大得多。

我是一个自信、有安全感的人，这可能得益于我倔强的性格和童年时父亲对我的宠爱。但也有很多次，即使保持"与你何干"的心态，在听到批评后，我也要费一番工夫才能保持自信。有一次印象特别深刻。

我第二份工作是在一家初创公司，有一个女性——就叫她简吧——将我视为竞争对手。我们都是斯坦福大学毕业的，她似乎觉得公司最终会选择留下我们其中的一个。我的到来分散了原本聚焦在她身上的关注，她感受到了威胁，于是她开始逢人就讲我的技术不足以胜任我的工作，并且我在分析操作系统时出错了。

突然之间，那些曾经很重视我的人，在我每次提出解决方案或意见时，都会质疑我的技术能力。因此，在接下来的几个月里，我发现自己总是处于戒备状态，每当有人质疑我时，我就会变得沮丧和易怒。大多数时候我都心烦意乱，每为自己辩护一次，状态就差一点，从某种程度上说，我开始怀疑她是不是对的：也许我的确做得不够好。

最终我不再自我怀疑，并开始评估眼下的状况。我看了看这个女人造谣之前我的工作记录和同事们给我的反馈。这些记录跟她说的完全相反。那时我意识到，我要停止自我防御模式了。我一直在与谣言做斗争，丝毫没有自己的规划。我沮丧的反应只是证实了谣言的真实性。

有了新的自我意识，我有意识地努力改变谣言的影响。下次有人质疑我的能力时，我没有反抗。"我承认你的担心，但让我们继续前进，让我的工作来讲述这个故事。"我说。一旦我不再谈论这件事，其他人也都这样做了。一旦我表现出"这不是问题"的态度，人们就开始相信我，而不是她。随着时间的推移，我的工作比简说的任何话都更有说服力。

对挑衅置之不理是不容易的，有很多次是工作本身拯救了我。当我开始纠结于别人的观点时，我就屏蔽掉外界的声音，沉浸在自己的工作中。取得进步让我重拾信心。

和投资者谈话

对于正在寻求投资的女性创业者来说，这是一个激动人心的时代。许多拥有多年风险投资经验和良好业绩的女性都在创建投资基金。还有一些风险投资公司，詹妮弗·芳斯塔德［Jennifer Fonstad，以前在德丰杰风险投资公司（DFJ, Draper Fisher Jurvetson）工作］和特里西亚·吴［Theresia Gouw，之前在阿克塞尔（Accel）工作］创立了Aspect Ventures（移动市场投资公司）；艾琳·李（Aileen Lee，之前在凯鹏华盈工作）创立了牛仔风投（Cowboy Ventures）；女性创业基金；还有其他的基金会。这些基金有些只是领导者是女性，有些专门为女性创业者提供资金支持，还有的专注于改善女性生活。这些都是一种转变的迹象，有望帮助确保女性创业者获得与男性同样的机会。

与此同时，整个男性主导的行业也渐渐意识到有必要进行一些改变。其中一些公司甚至开始采取行动吸引女性普通合伙人。红杉资本（Sequoia Ventures）的资深合伙人曾公开声称，只有当女性能达到他们公司的要求时，才会雇用更多女性。但现在他们也开始渐渐转变。

尽管这一转变很重要，但我不确定它是否会让寻找投资的信心游戏变得更容易。这一直都很难。你要见的人可能会改变你的生活——如果他们愿意的话。你有梦想，他们有钱，合在一起就是能量，或者看起来是这样。但是当梦想一而再，再而三地遭到拒绝，很多创始人很快就选择了放弃。

那些强大的创业者则会采取完全不同的做法，让她们在这类博弈中更有力量。她们会为会议做准备，这样当她们进入会议室的时候，就可以保持客观、冷静，专注于她们拥有的（她们坚信的事业），而不是她们没有的（资本、市场份额、销售组织等）。她们不仅只在第一次会议上保持这种积极的态度，在被拒绝后的第三次甚至第二十九次会议上都是如此。

这些创业者的故事不是大卫与巨人歌利亚的对决，也不是她们与歌利亚的对决。她们认为自己和她们正在争取的投资人是平等的。她们积极进取渴望能拉到赞助。以ThirdLove的创始人海蒂·扎克（Heidi Zak）为例，在她为这个互联网内衣品牌筹款的早期工作中，经常被拒绝。原本会议进行得很顺利，但突然，会有一个投资人说，"我认为这不是正确的市场策略"，或者"我认为你们的市场规模和技术行不通"，或者"我不觉得你们可以生产出比维多利亚的秘密（Victoria's Secret）更好的内衣"。

她面对的是聪明、有经验的投资者，他们投资了许多初创企业，但他们就这么随意地告诉她："你的生意什么都不是。"她没有让他们说服自己，而是采取了更强硬的立场："我必须要证明他们是错的。"当她需要增强自信时，她不把人们提出的具体反对意见作为讨论中心,相反,她把谈话的重点放在她正在为女性解决一个重要的问题上:不需要亲自试穿就能选到合适的内衣。这一策略生效了。2016 年 8 月,ThirdLove 募集到了来自 35 个投资人的 1360 万美元的资金,其中包括维多利亚的秘密首席执行官,他认为 ThirdLove 能够并且将会制造出更好的产品。

太阳能供应商信润(Sunrun)的联合创始人林恩·朱里奇(Lynn Jurich),在采取竞争策略上更加深思熟虑。"你总是想在最难的时候做点事。"她告诉我。当她向银行借贷时,没有银行愿意借给她钱。金融危机刚刚给整个银行业造成重创。与此同时,她需要 4000 万美元给客户安装设备。她和她的搭档就是绝望的代名词——没有这笔钱他们就无法生存——然而,他们走进会议室,表现得让银行的代表们觉得他们可能真的能干出点名堂:"这是我们背后的宏观力量,这是为什么这个项目可以实施,也是为什么它会赢得长期的胜利。"

林恩没有试图掩饰或避免谈论可能出现的问题,相反,她和她的合伙人对这些问题进行了重点分析。例如,考虑到信润的债务期限是 20 年,他们必须解决这样一个问题:如果信润破产,银行将如何回收资金。因此,她们列了一个公司的名单,如果需要,他们可以代为还款。

你越了解你的"对手",就越觉得自己值得参与竞争。当在线保(UrbanSitter)的创始人林恩·帕金斯(Lynn Perkins)意识到风投公司并不是一刀切的时候,筹资对她来说完全改变了。不同的公司有不同的投资策略，这些策略决定了它们的投资标准。换句话说，投资者说"你真差劲"，并不意味着被拒绝。它更像是相亲：你不是我的菜。林恩开始将筹资看作解谜：投资者的策略是什么，如何描述在线保才能引起他们的共鸣？

凭借丰富的经验，林恩发现，并非所有的风险资本家都一样。早期，她觉得"这些家伙在水上行走"。几轮融资之后，她明白了有伟大的风险投资家，也有不那么伟大的风险投资家。"我给自己的压力少了很多。"她告诉我。

每一位筹资的创始人都会越做越好，他的产品和商业模式也会随之改善。每个投资者都有不同的看法，但随着时间的推移，

不能孤军奋战

很多企业家都认为，作为创始人他们可以更加自由。实际上，任何创建公司的人都会发现自己比以往任何时候都更依赖他人的贡献和支持。作为 Aspect 风投公司的联合创始人，投资者詹妮弗·芳斯塔德已经目睹了数十家处于早期阶段的公司如何站稳脚跟。她告诉我："建立一家公司必须是一个团队的努力。你需要动用大量资源，请很多人帮忙，如果有人不回你的邮件或电话，你会觉得自己很卑微。你需要很多支持者、投资者、顾问、导师和早期客户——那些相信你的愿景并希望看到它成功的人。"

如果你愿意改进，总会收到引起共鸣的反馈，你的投资也会戳中他们。海蒂·扎克告诉我，他们遇到的第一批投资者之一觉得他们推出的款式太多。一开始她没有采纳这一反馈。谁会在只有一种选择的地方购物？她问自己。随着时间的推移，她和她的团队意识到将一件事做到极致是最好的选择，这样可以充分利用资源并吸引忠实的客户。这成了他们之后的发展模式，产品也越做越好。

不管你准备得多好，进入一个全都是陌生人的房间向他们要钱都会忐忑。我们的身体会做出本能反应，就像正处于生死攸关的时刻：我们心跳加速，双手出汗，时刻准备战斗或逃跑。然而，科学表明压力也有好处：能量爆发，注意力集中，甚至免疫系统也会增强。心理学家凯利·麦格尼格尔（Kelly McGonigal）就此写了一本书，名为《自控力：和压力做朋友》（The Upside of Stress）。

莉雅·布斯克告诉我，她通过将恐惧转化为肾上腺素阻止恐惧。她给我们讲了她创业以来最可怕的瞬间。在"跑腿兔"这个想法萌生初期，一个朋友给了她一个企业家的邮箱，因为她的朋友觉得这个企业家会非常欣赏她的想法。莉雅给这个人写了一封冷冰冰的邮件，约在他的公司见面，这是一家叫作热布卡的热门新兴公司。

直到会议前一晚，她才知道这个人不仅仅是热布卡的员工还是热布卡的首席执行官——斯科特·格里菲斯（Scott Griffith)。她夜不能寐，斯科特·格里菲斯可以决定是否投资跑腿兔，因此她生怕自己准备得不够充分，在他面前犯一些低级错误。

那天晚上，她和往常一样做准备，这已成为她的第二天性。"我不害怕——我很兴奋，"她对自己说，"这是个非常好的机会，我非常兴奋。"换句话说，她一直告诉自己她非常兴奋，直到她真的兴奋起来。恐惧变成了积极的肾上腺素。第二天，她去了斯科特的办公室，他们谈得很投机。斯科特大力支持，甚至在热布卡给她准备了一张办公桌，直到跑腿兔——当时布斯克起的名字是 RunMyErrand——有了自己的办公地。"如今，8 年过去了，我很少像那次一样觉得害怕和焦虑。我训练自己从事情的另一面考虑问题。"她说。

走出商业低谷

即使取得了几次成功，你也需要一些策略给自己充电，保持积极向上的态度。成为天才之前你就是个疯子，即便有时人们承认了你的天赋，你还是会被打回疯子的原形。要在最初的疯狂岁月中坚持下来，而且在之后的岁月不精疲力竭或不放弃，需要很大的勇气。

之前我提到过我自己所在的风投公司拒绝了赛富时，我们试图在没有投资的情况下继续。但有一段时间我们差点没能坚持住。2001年互联网市场崩盘，我们也差点儿经历金融危机。

当你觉得失去自信时，可以通过每天进行自我保护的训练扭转局势。

问题是，我们的大部分客户都是网络公司，那些精通技术的早期采用者，他们正在建立自己的销售团队，但现在他们中的许多人都面临着破产。当时我们每个月都要烧掉100万到150万美元，而我们的客户群正在渐渐流失，资金负增长且没有明显好转的迹象。

就在那时，我向我的合作伙伴推介了赛富时，告诉他们这将是一个投资的好时机，因为该公司正需要现金，将开放新一轮的融资，当然我说的有所保留。我现在还清晰地记得我的同事一脸的怀疑和震惊，例如吉姆·卡瓦莱里（Jim Cavalleri），他在为赛富时开发硬件，鉴于我们公司是软件即服务（SaaS）模式，我们的客户数据就储存在我们公司。投资人问我们是否愿意将软件授权给大型企业，让它们为自己保留客户和销售数据。尽管陷入了经济困境，但吉姆和我的回答都是坚定而响亮的"不"。软件即服务对我们来说不仅是一个时髦的词或交付模式，这是我们的信仰。我们相信，软件开发的未来是拥有更加灵活的功能，即由技术公司托管和维护，创造出更好的产品和服务。这是我投资的初衷。

赛富时团队离开会议室后,我的合作伙伴再次劝我,但我没有让步。最后,其中一位筋疲力尽地看着我说:"你没有意识到我们刚刚经历了一场网络泡沫破灭吗?"

当天晚上我哄睡两个儿子后,陷入了深思。我知道我们正在做的事情是对的,但是我也知道现在我们资金运转困难。但不像其他无数个夜晚,我躺在床上,焦虑无比却毫无头绪,那天晚上我集中思考一个问题:如果没有人投资,我们将怎么办?我想到的答案改变了赛富时的命运。

我想,我们需要创新,我们要充分利用每一种资源。就在这时,灵光乍现:虽然我们资金短缺,但我们有重要的资产——我们的客户。那些在网络泡沫破灭中幸存下来的公司对我们的产品很满意,因此对我们也很忠诚。

我们一直在为客户提供一种"即用即付"的支付模式,这是一种全新模式,具有很强的吸引力,因为客户可以随时停用,或者随时增加或减少用户。但当我思考这个问题时,我意识到我们可以将云软件服务与支付模式分离开来。我开始思考,我们可以让我们的客户从即用即付模式转变为一年甚至多年的合同模式。我们会相应地提供一些折扣,这样我们可以提前拿到现金,每个月都有收益。

我迫不及待地想把我的想法制成电子表格,转换成模型,看看它是否有回天之势,带给我们足够多的现金,使我们免于破产的风险。在接下来的一周中,我尝试了不同的客户转化率,分析

> **庆祝小的胜利**
>
> 当你取得重大胜利时,比如从投资者那里获得资金,进行产品发布,或获得晋升,这都是值得庆祝的好事。但这些重大胜利是很少的,可能要很长一段时间才有一个庆祝的机会。所以要学会设定短时间内可以实现的小目标,并为每一个目标庆祝。

其影响。我的电子表格模型证明,如果客户签了折扣合同并预先付款,我们就再也不需要风险投资了。

这个发现让我很高兴,我把我的想法告诉了马克·贝尼奥夫。我向他展示了我们的月度账单,为了给我们的客户创造一个低风险、无承诺的环境,我们公司的生计已经受到了威胁。我相信我们已经向客户充分证明了我们产品的价值,从而赢得了要求签订合同和预付款的权利。

如果说马克对此持怀疑态度,那就太轻描淡写了。他花了大量的时间和个人资金宣传我们制订的"无合同、无折扣、一口价"的策略,并且认为改变可能会适得其反。我说,我们现在可以确定的是我们资金短缺,但客户是否接受我们改变策略是不确定的。另外我进一步指出,如果我们将客户账单周期从每月转换到每年甚至更长,可以有效地降低我们的运营成本。我对马克说得越多,我对这个新模式就越有信心。而且,我确实认为,分离托管软件和无合同计费方式不会对我们的主要 SaaS 愿景产生负面影响。

尽管马克对"无合同、无折扣"这个理念异常执着,而我提出的新策略与他坚定的信念背道而驰,他还是愿意考虑这个新策略。在我们得知其他人,也就是销售部门的人,认为我们的客户有意愿签订预付款项的多年期合同后,我们马上将理论付诸实践。后来我们才知道他们已经在内部讨论过这个策略,认为这可以作为稳定公司收入的一种方式。他们甚至还分析了其他采用类似方法的公司的策略,并与我们做了分享。

剩下的就尽人皆知,不再赘述了。因为这一个细微但重要的改变,赛富时解除了严重的财政危机,在不到一年的时间里实现了正向现金流。

尽管这是一个让我感到自豪的时刻 —— 我并不害怕分享这个事实 —— 我的故事并不罕见。和任何一个创始人聊天你都可以听到一些英雄传说,一些靠自己的机智和勇敢拯救了整个公司的高光时刻。

信润的林恩·朱里奇就是这些英雄人物其中的一个。信润成立于 2009 年,如今运营着国内第二大住宅太阳能系统,且正在飞速发展。他们有十多万用户,遍布 15 个州,仅次于埃隆·马斯克的太阳城(SolarCity)项目。但这条成功之路也不是一帆风顺的。

在信润之前,用户需要花 3 万美元在房顶安装一个太阳能设备,而且还要花钱维护。信润的创新之处是他们将太阳能作为一种服务。他们免费安装和维修太阳能设备,用户只需支付使用时产生的电费,而且价格比当地电网便宜。这一经营模式成功吸引了那些不愿意或者出不起设备费的客户。

但林恩和她的合伙人刚开始募集资金时,人们都持怀疑态度。林恩向整个斯坦福校友会以及所有公用事业和能源领域的人寻求支持。

"所有人都说这件事行不通,"她告诉我,"这不行,成不了气候,你们不会成功的。"

林恩的反应呢?"我们试试看。"

这两个人继续勇往直前,认为这是个好想法,不管这个行业的人是否认同。他们从自己口袋里以及与他们合作过的风投人士那里,东拼西凑出 300 万美元基金。林恩之前的老板是最大的股东之一。

事业从这里开始起步。从那以后,林恩和她的同事们带领公司度过了几次危机。即使是现在,实力雄厚的信润正在经历太阳能市场的停滞期,它也比其他竞争者做得更好。林恩是如何继续以她众所周知的自信、优雅和能力领导公司的?

1. 多听客户的意见而非投资者的意见

业内人士质疑客户对于信润只提供服务的策略是否满意。所以林恩直接深入客户群体,把门店开在县集市和农贸市场。她与顾客亲密接触,每一次互动以及销售都帮助她确定了市场的需求。通过一次又一次的握手,她越来越相信这次冒险不仅是可行的,也是未来能源行业的趋势。

很快,她和她的合伙人艾德·芬斯特(Ed Fenster)就获得了1200万美元的融资,但要启动项目,资金还远远不够——就像2008—2009年金融市场崩盘一样,他们的商业模式需要大量的资本。他们公司需要为每个客户安装3万美元的设备,而这些资金的回收来自客户的电费,大约需要20年。他们需要银行相信他们有能力偿还这笔贷款。

林恩对市场和客户的深入了解很快得到了回报。正如之前我们所说,她说服了美国银行——为数不多的没有次级抵押贷款风险敞口的机构之一,这个市场需求会越来越大,他们的客户会按时支付电费。信润不仅从银行机构那里获得了4000万美元的资金支持,而且合作银行还将其竞争对手拒之门外。

2. 锻炼、冥想和自理

公司一站稳脚跟,就迅速发展起来,只有一年例外,对林恩来说那是非常艰难的一年。她当时深陷一些与公司无关的私事,但与此同时她需要让员工和投资者对公司的缓慢发展保持信心。她的一些高管对她"非常非常不满意",质疑她的领导力。"这只是你感觉一切都要崩溃的时候之一。"林恩说。

这是第一次她面临自信游戏。焦虑逐渐蔓延开来。她决定要找到一条出路。林恩的方法是冥想,她的说法是"思想控制"。她是一个争强好胜、追求成就的人,所以对花时间去追求平静、平衡的内心,她最初是深感抗拒的。但是"思想控制"?这看起来像是首席执行官的特权,好处明显且直接,她能全身心地投入。她读了几本书,雇了一个瑜伽教练,花了一些时间修复自我。如今几年过去了,她的孩子也已经一岁了,她说多亏了冥想让她撑过了那艰难的一年,让她保持创业的热情。

当你觉得自己快要坚持不住时,做一些自我修复的锻炼,不管是冥想、瑜伽或者其他什么运动。就我而言,我喜欢徒步。林恩说:"这其实就是花点时间让自己的思想脱离肉体。"她推荐的入门书籍是《醒了就好》(*Open Heart, Open Mind*)。

3. 让愿景点亮你

2015年信润公开上市,公司再次经历了动荡。尽管该公司的股价下跌(和所有公共太阳能供应商一样),但林恩专注于公司的使命:创造一个以太阳能为动力的行星,这使投资者、员工对她保持信心。在这样一个许多首席执行官都想办法"退出"的创业环境中,林恩正在为未来做准备。

"事情不会很快就有所改变。实际上我们推广清洁能源的速度已经比想象的要快得多,"她说,"但这是一个长达几十年的任务。我花了很多时间和精力稳定公司的长期愿景。这可能会很难,因为公司的收入是一个季度一个季度核算的,而且还要应对充满挑战的市场。但我们现在采取了正确的行动,10年后会看到成果。"

社交网站 Ning 和 Mighty Networks 的创始人吉娜·比安

奇尼也表达了类似的观点。她告诉我，自信不是一种"输入"，而是一种输出——因为你拥有能点亮你的愿景和激情。对她而言，激情是帮助人们建立联系。她说："对我来说，我想要生活在这样一个世界里，在这里人们可以因为共同的兴趣或共同的身份而相遇。12年来，我一直在研究这个具体的问题、挑战和机会。我愿意再花12年的时间继续这一事业，因为我觉得这是个重要的事情。"

当我失去信心时，我会提醒自己为什么要这么做，然后继续前进。制订目标是我们最有效的充电方式之一。它散发着光芒，淹没了任何可能使我们成为受害者而不是胜利者的黑暗思想。它也能照亮房间，在你最需要人才的时候把他们吸引到你身边。

向上一步
power up

第五章　人力资源

如果想要事业快速起飞,你需要人力资源:一个亲密的小圈子,他们几乎和你一样希望看到你电力充沛。把他们想象成你的机组人员,一群确切知道起飞程序并采取行动的助手。

首先,要明确人力资源不是什么:它不是你把成功的责任交给别人的借口,你需要自己负责。

最近出版的大多数职业书籍或者职业发展规划项目会告诉你,这个团队中最重要的人是一位伟大的导师。这不仅是错误的,还导致了奇怪的行为和令人不安的心态。我身边没有一个人接近传统意义上的导师,即一位年长的专业人士将一个年轻人护在羽翼下予以教导。我采访的许多女性也说她们没有专门的导师。

真正的导师关系需要投入时间和精力。这是一种相当亲密的关系,这就是为什么我采访的许多女性说,许多朋友和值得信任的同事提供了这种所谓的导师式的指导。然而,寻找"导师"这个神秘怪兽的压力,让许多善于社交的年轻人给身边的陌生人写一封冷冰冰的电子邮件，要求他们充当这个角色。我就收到过几封类似的邮件。这对双方都是一次尴尬的交流。

在企业中，针对女性的正式指导项目并没有使性别竞争变得公平。这些项目旨在给予女性支持及获得晋升到高级领导职位的机会。然而，妇女权益倡导组织 Catalyst 在 2010 年的一项调查中跟踪了一家大型跨国公司的高层指导项目中的男性和女性。两年后，得到晋升的男性比女性多 15%。与此同时，根据《哈佛商业评论》最近的一篇文章，许多女性觉得自己被"指导得束手束脚"，把时间浪费在会议和承诺上，而这些并不能最终促进她们的职业发展。这一看似恩赐的指导项目需要的准备工作占用了原本可以用来制订策略或者好好工作的时间。

更重要的是，过分强调指导的"神奇效果"会导致你变得被动。人们开始将导师看作仙女教母，可以解决所有问题，可以打开所有闭着的门。Mighty Networks 的吉娜·比安奇尼告诉我，她见过许多年轻人，在找导师的时候像在找父母，"可以为你料理好所有事情，就像小时候父母为你做的"。

所以别再嗷嗷叫着找导师了，并没有什么在喝茶吃松饼的时候给你建议的仁慈之人。首先，将自己的抱负放在创新和发展自我技能、提升经验上，有了这些，自信、认知、直觉随之而来。实践出真理，自己成为自己的真理导师。那些拥有自己职业主导权的人会打开自己的大门。他们发现强大的关系是他们进步的结果，而不是先决条件。

这种心态是发展人力资源的先决条件。不可否认，在你开创事业或推进某个项目的过程中，有权势人士的支持可以迅速推动进程。但这些人并不是导师，他们是赞助人。这种关系经常与导师关系混淆在一起，因为伟大的导师通常也承担着赞助人的角色，但赞助人的贡献是具体的。这些人不仅给你提供建议，还给予你极大的支持，利用他们的职位给你争取一些机会、晋升或者将你引荐给他人。事实证明，在 Catalyst 的研究中，赞助是男性晋升速度高于女性的原因之一 —— 相较于女性，男性更有可能被赞助。理解这种差异非常重要，因为它会影响你如何选择以及发展你的职业关系，同时也决定你如何衡量你的职业关系是否成功。

你的第一个赞助商是你的老板

在《向前一步》（Lean In）中，雪莉·桑德伯格写到了回馈的重要性。在读到她如何指导一群聪明的年轻人时，你马上就能感觉到，她所做的远远不止这些。她为其中一个年轻人争取到了脸谱网的工作机会，把另一个人介绍给了她目前的风投合伙人，还帮助一个年轻人成为星巴克董事会的候选人。她利用自己的社会资源和专业能力，给她赞助的年轻人创造了具体的机会。相比提供一些建议或者友情，她给的是更大胆更慷慨的资助，当然我知道受她资助的人都非常珍惜这些机会。

请注意，桑德伯格提到的三名学员中有两名是前雇员。这不是巧合。"赞助人"听起来很正式，也很疏远——这是一种很难发展成亲密关系的关系。所以别再想赞助人了，首先，你要先找一个真的非常好的好老板。毕竟，通过写电子邮件或填写职业发展工作表，你不可能找到赞助人，尤其是像雪莉·桑德伯格这样强大且坚定的赞助人。要想得到他们的赞助，你需要让他们相信你有能力可以代表他们。要达到这一目的，除了在他们手下出色地完成工作，没有更好的办法。

你认真为老板工作，你的老板也会不遗余力地给你安排对你有益的工作。劳拉·德鲁扬告诉我，她刚开始工作时曾在一家文化不太契合的公司待过，但在那儿她有幸遇到了一位好老板。她与一位中层经理发生过一些不愉快。这个经理利用职权从年轻的分析师那里套取个人信息，然后再用这些信息对付他们。如果没有老板的保护，这个经理肯定会为难她。她说："那个项目我完成得很好，通过那个项目，我有幸认识了他。他保护我不受那个经理的欺负，还为我写了商学院的推荐信。"事实上，几十年后，他仍然是好老板的参照标准。

所以如果你在某个机构工作，不要认为你最好的赞助人在离你很远的地方。他可能是你的直属上司，或者更好的情况是，他是更高级别的领导。确实，赞助人的职位越高，能给你提供的机会就越多。

> 最持久的职业关系来自真正伟大的工作。

但这种关系的质量和深度将决定他们为你冒险的程度。这就是为什么我说，你会从找到一个好老板或利用你已有的关系中获得最大的影响。

因为只有你的老板了解你的工作情况，知道你有能力做好，会推荐你做一些有挑战性的项目或者担任某个职位。如果你对他们的成功有所贡献，他们很乐意帮助你实现你的工作目标，即使你的目标最终可能会导致你离开这个公司。当然有些老板不会以这种方式回馈，他们不是好的老板。我真的认为，找到一个好老板是你职业生涯最大的助力。如果你的老板没有资助你，也有可能是你做得还不够好，还达不到他们资助的标准。

所以你怎么赢得这个机会呢？为老板的成功助力意味着你要做什么呢？出色地完成工作只是最基础的。你需要减轻老板的负担；做别人不愿意做的工作；解决那些不是你职责的问题，但这些问题必须有助于公司的目标，特别是有助于老板的目标；赢得他们的尊重和忠诚。

职场书籍经常告诉你要通过亲近上司改善与他们的关系——请他们喝咖啡，记住他们的生日还有他们孩子的名字。虽然这些良好的人际关系让工作更愉快，但最持久的职业关系来自真正伟大的工作。如果你可以在职业上对你的老板有所帮助，对你的公司或部门的成功有重大贡献，那么你对他/她个人生活的贡献就比你私下的闲聊要大得多。

寻求基于本地的赞助

从定义上来看，企业家是没有"老板"的，尤其是在创业初期。这让他们很难找到一个伟大的赞助人。然而，对任何创业的人来说，赞助都是非常重要的。社会资本推动着风险资本的发展。风险投资家会收到成百上千封推介邮件，但只有很少的邮件能得到他们的认真对待（认真读一读并回复），而且这些邮件几乎都来自其他会让他们严肃对待的投资者或企业家。

一个强有力的赞助者的支持也大有助益，尤其是当你开始自我怀疑时，你会问自己：我疯了吗？美国云火炬的创始人米歇尔·扎特林，当她在追求自己的事业和接受领英的工作之间摇摆不定时，风险投资公司高原资本（Highland Capital）的赞助给了她继续前进的信心。有机会加入他们的暑期学生资助项目，让拒绝一份不错的工作看起来似乎合情合理。

问题是，你怎么得到赞助人的关注，减少创业路上的阻力？我们知道普通的邮件是没用的。我发现，要重点留意本地的赞助：和那些与你正在做的事情密切相关、有共同的兴趣甚至工作原则的人建立关系。你的工作和知识对他们来说是独一无二的，反之亦然。

基于本地化的兴趣是促成我最终与丹·林奇合作的原因，与他的合作对我后来成为一名成功的企业家和投资者影响非常大。我通过丹的儿子认识的丹，我拥有自己的咨询公司时，曾在一个咨询项目上与他共事。丹的技术公司 InterOp 正在尝试一个新的网络概念。他想找一个像我一样的人，一个驱动技术专家，可以与他合作并交流想法。当时我一个雇员都没有，我的咨询公司也面临倒闭，所以我愿意尝试新的东西。

丹认识硅谷所有的人。他为人风趣，富有创造力。我们都觉得我们会相处得很好，彼此互补。我立刻意识到，和他一起工作将会碰撞出火花，他可以为我的职业生涯增加诸多价值。他的工作范围比我的大得多。我以顾问的身份免费读了 MBA，在博思艾伦工作了一段时间后，经营了自己的公司管理论坛（Management Forum），这是我重返科技行业的机会。

与此同时，丹认为我就是他所需要的执行合伙人，可以实现他的想法。丹有很多好主意但没有办法执行。他传出了好多球，但他觉得我可以立即接住这些球并带球前进。我们开始合作后，他告诉人们："我发誓，玛格达琳娜可以运营它们。"这是真的：他给很多人做出了承诺，我必须兑现。

在你自己的商业利益范围内寻找本地客户，可以在以下几个方面加强与赞助人的关系。

你的知识是无价之宝。我付出的不仅仅是血汗。虽然我在第二个孩子出生后休息了一段时间，但我仍想开辟一个新的领域，自信地保持专业性，在科技界占有一席之地。知名度不仅对创业者非常重要，对内部创业者也是如此。这意味着不仅要做好工作，还要在对你重要的圈子里赢得公众的认可。

在我遇到丹的一年前，我已经开始了一个独立的研究项目，以建立我个人的品牌认同度。当时我是个体经营者，做咨询。我部署了一个用户调查，调研互联网的使用人群以及使用方法。这是有史以来第一次针对互联网用户的研究，而我这独一手的资料为我成为世界上第一批商业互联网提供商奠定了基础。丹知道我的业绩，也知道我在他的行业颇受尊重。当我们开始认真商量第一家商业互联网提供商的事情时，我可以肯定地告诉他，互联网用户群体增幅迅速，限制商业使用的法律很快就会废除。

所以丹提议我们合作，一起创办一家革命性的新公司，为企业提供互联网接入服务。他占这家公司股份的90%，我占10%。虽然这个分配听起来太不公平了，但我太兴奋能有这个机会了，我想都没想就答应了。丹刚刚卖掉了他的公司InterOp，赚了数千万美元，而我基本上身无分文，但我不怕会颗粒无收。毕竟我们是合伙人，都承担了风险，而且与斯坦福大学和麻省理工学院等大学的互联网接入供应商会面时，我们很大程度上依赖于丹雄厚的社会资本和声誉。我对这个合作关系很满意，而且能有机会和这一位商业领袖共事来改变世界我很感激。

随缘。当你的兴趣与你的潜在赞助者紧密相连时，只要你在外面积极地追求自己的目标，这些兴趣就会神奇地把你们联系在一起。你不需要跟踪他们，我是说你不需要四处挖掘他们的个人信息如邮箱、手机号码，然后发一个冷冰冰的自我介绍。如果你的交际网足够广，别人就会把你推向赞助者。你甚至不需要有很好的人脉。例如跑腿兔的创始人莉雅·布斯克和热布卡的斯科特·格里菲斯的相识。当时她对自己的新项目非常上头，只要有人听，她都会说上一说，甚至是与咖啡店里比邻而坐的有小孩的母亲或公交车上的某个男士。在她的社交圈子里没有几个创业者，她当然也不认识做风投的人。

然而莉雅的丈夫在一家医疗初创公司工作。正如我之前所写，他的同事给了莉雅热布卡首席执行官的邮箱。她能猜到他对莉雅的想法感兴趣是有明确的原因的，跑腿兔是一个线上平台，给线下提供便利服务。热布卡的叫车服务也是服务于线下交通。虽然这两个项目完全不同也不存在竞争，但他们的理念在当时看来都非常新颖。鲁兹瓦纳·巴希尔（Ruzwana Bashir），她是一位拥有巴基斯坦血统的英国人，现在住在加州，是预订及体验一站式的线上平台 Peek.com 的联合创始人。她告诉我她经常收到一些女性写给她的冷冰冰的邮件，"我和你非常像——我也是巴基斯坦人"，或者"我也是英国人在美国创业"。就因为这些共同点，她们就想让鲁兹瓦纳成为她们的导师。"她们没有提出一个在我能力范围内的具体的请求，也没有提供一个共同受益的方案——看起来更像是单方面的索取而不是双方都有所付出。"她说。她们的关注让她感到温暖，但她还有 Peek 团队中的 80 人要指导，没有多余的时间指导陌生人。她明确地指出，同一个种族或国籍与专业指导没有什么关系。重要的是要有共同的职业目标，而不是共同的传承。

亲密关系不需要特意维护。许多书里都写到了社交建议，告诉读者如何通过分享个人信息或提出正确的问题迅速建立融洽关系。虽然我也相信这些建议有很大帮助，但我发现，如果你们的专业兴趣彼此契合，就可以自然而然地建立起融洽关系。因此，你最好在人群中寻找与你兴趣契合的人，而不是想尽一切办法利用手边的 VIP 资源试图与其他人建立融洽关系。

你可以在会议上找到与你兴趣契合的人，这是一个很好的渠道。但是仅仅是见到那些大佬还远远不够。快速建立融洽关系还需要信誉。例如，我所做的互联网研究让我在华盛顿特区的第一次互联网会议上获得了一个发言的机会，而这次发言让其他与会者知道了我。这就让我在会议上建立社交关系时拥有了优势。

雪莉·桑德伯格在《向前一步》一书中提到她是如何指导史宗玮的。她们第一次见面是在谷歌——史宗玮毕业后的第一份工作就在谷歌，但她们当时并没有深层的联系，直到很多年后她们在一次会议上偶遇。虽然早就不在一家公司工作了，但在某种程度上她们的共通点却更多了。雪莉刚到脸谱网工作，而史宗玮正在编写她的第一本书《脸谱网时代》。由于这一共同话题，她们很快就无话不谈。一段社交关系由此自然而然展开。史宗玮决定离开赛富时创办社交媒体顾问公司时，雪莉不仅给予鼓励（像导师一样），她还给史宗玮介绍了第一位投资人（像一个优秀的赞助人）。

说到建立赞助关系，史宗玮告诉我："这是基于一定的化学反应，强迫不来。有时候你就是会和某人产生一些化学反应，有时候不会。"虽然这是真的，但我发现共同的专业兴趣是最好的催化剂。这也保证了你潜在的赞助人与你从事的行业是紧密相关的。

没有导师？没关系。随着你的事业日渐成熟，你可能会发现，你最好的赞助人——那些愿意指导你的人——是那些真正参与其中的人。它使这种双向关系变得正式，对很多人来说是巨大的安慰。以鲁兹瓦纳为例，她告诉我，在事业起步初期，她没有导师。实际上，她以为她可能永远都不会有导师。

和我一样，鲁兹瓦纳习惯于做一个旁观者。她在英国一个非常封闭的巴基斯坦社区长大，每天戴着头巾，放学后去清真寺。她的父亲在当地市场卖菜养家，她的母亲是家庭主妇，鲁兹瓦纳的成绩很好，在公立学校和清真寺学校都是第一。她的优异成绩让她获得了牛津大学的入学资格。到了大学，她才开始穿西式服装，享受着思想进步社区的美妙自由。但很多时候，她还是觉得自己像个局外人——印象最深刻的是她竞选牛津大学联合会主席的时候，她的竞争对手在校报上刊登了一张她戴头巾的旧照，暗示她不是"他们"的一员，不适合做主席。但她还是赢得了选举。

在这种时刻保持自己的参照系，使鲁兹瓦纳具有一种不同寻常的强烈的自立倾向。"我做的一切都是为了自己,并不指望别人能帮我什么",这就是她那段时间的状态,她如是说。即使是现在,她也尽量避免过多地依赖他人。

不管怎样,没有导师并没有阻碍她的前进之路:她从牛津大学毕业后,先后应聘到了高盛投资公司(Goldman Sachs)和黑石集团(Blackstone Group),之后她去了哈佛商学院(Harvard Business School)进修,最后开启了创业之旅。近年来,她被《财富》(Fortune)、《名利场》(Vanity fair)和《快公司》誉为硅谷最炙手可热的年轻企业家之一。现在,她人生中第一次有了一个赞助人,同时也是她的导师,他是 Peek 的投资人和董事会成员。他不是她的第一位投资人,但他是第一个表示愿意花时间和精力对她进行指导的人。她不惮于向他寻求建议,因为本质上说,他也是在投资——如果她成功了,也就意味着他的成功。

怎么摆正导师的位置

正如我提到的,我最终也找到了一位既是投资人也是导师的这么一个人,所以我可以自信地说,有一位睿智、有爱心的专业长者出谋划策是一件很棒的事情。欧文·费德曼(Irwin Federman)是 USVP 的高级合伙人。我们相识是因为 USVP 想投资 MarketPay(市场薪酬数据调查平台),这是我在电子现金之后创建的另一个公司。我最终卖掉它时甚至连雏形都还没有完善，USVP 转了风向，邀请我加入公司。最终说服我的是欧文。我当时接受这份工作真的只是为了向他学习。如果帮他拎包能多听几分钟教导，我肯定会拎的。他既是一位哲学家，也是一位风险投资家。那段日子不管我多么焦虑，他独特的见解都可以让我平静下来。我开始在记事本上记他说的话，并在封皮写上"欧文的智慧箴言"。当你不确定的时候，最稳妥的做法就是不要做，因为只是试一试的话，不会有什么收获。这是一句至理名言。

我尽量不去占用他的时间，并且非常珍惜和他在一起的每分每秒。我们之间无所不谈，因此，他给我的启发也不仅局限于商业交易的具体细节。他甚至与我分享了他最痛苦的经历，以便我能从中吸取教训。至今仍是如此，每次和他吃完午餐，我都会学到一些东西，我希望能有更多的时间和他交流，而且非常珍惜他对我的教导。

如果你有幸遇到了这样的人，你肯定不愿意因为要求他做你正式的导师而把他吓跑。睿智的人很少，而你与他们在一起的时间转瞬即逝。你不需要"白纸黑字"地和他们签协议，你要想办法加入他们的任务，这样你们的关系才能自然发展。

最好的师徒关系可能用真正的友谊来说更为恰当。Thirdlove 的海蒂·扎克告诉我，她一直觉得导师这个词"有点儿怪怪的"。它听起来很正式、很固定，但她的经历告诉她导师是很多变的，她的许多朋友、伙伴和同事会在她需要的时候扮演值得信赖的顾问角色。曾经有一个人可以和她用师徒关系来形容：丽萨，她的第一任老板。但如今，海蒂想到丽萨第一反应是觉得她是朋友。

海蒂毕业后的第一份工作是在一家投资银行做财务分析。她的直属领导是丽萨，公司合伙人之一，刚从商学院毕业。海蒂对丽萨倍加崇拜，因为丽萨非常努力，在带孩子的同时成功地建立起自己的事业。当海蒂有进一步的发展计划时，她第一个找丽萨商量，并得到了热情鼓励。

这么多年来，每当海蒂面临重大决策时，她都会找丽萨咨询。当她犹豫要不要辞掉谷歌的职务创建 ThirdLove 的时候，她问了丽萨，丽萨告诉她，放手去干。然后，在她创业的第一年，她怀孕了，她不知道是否应该在这时候要第一个孩子，丽萨说，尽管要。"她告诉我：'这不是件容易的事情，也不可能两者完全兼顾，两边都要有所牺牲，但你可以做到。'她的建议是，不要等到合适的时机再要孩子，因为时机永远不会合适。那是我30多岁的时候。"

海蒂说她一直把丽萨当朋友，但最近她们的关系更牢固了，因为她终于也可以作为一个有经验的人给予建议而不是单方面地接受建议。一开始是一家初创公司想聘请丽萨，她给了丽萨一些建议。最近，丽萨想去商学院任职，她帮丽萨给商学院院长写了一封推荐信，现在丽萨是该校的一名金融学教授。

"在职业道路上我们两个能互相帮助，感觉真的很好。这就是友谊，不是吗？她是我的朋友，我爱她。"海蒂说。

最好的师生关系不是"索要"，是一种友谊，动态的和自愿的，是建立在共同目标和共同信仰之上的。你如果有这样的朋友，就庆幸吧——无须吝啬你的感激。

其他女性的力量

当你想向女性寻求建议时，你的职业生涯将会出现拐点。以女性为基础的组织对帮助我们解决女性所面临的一些独特挑战至关重要。就像你需要和男人好好相处一样，你也需要花时间和精力与女性建立相互信任、相互支持的关系。不要觉得因为都是女性，她们就会对你格外关照、给你更多的鼓励和支持。

有太多的女性告诉我在她们创业过程中，有另一位女性在帮助她们前进的过程中扮演了特殊角色。朱莉亚·哈茨（Julia Hartz）告诉我，有一天在她们那儿的一家咖啡馆，一位她一直很崇拜的老师抓住她的肩膀坚定地对她说，你已经具备成为EventBrite首席执行官的条件了。海蒂·扎克告诉我，她有另一位已为人母的创始人米歇尔·扎特林的号码，有问题可以随时找她——例如，她第二个孩子两个月时，她就问米歇尔·扎特林该不该这个时候抛下孩子去参加一个需要出差的会议。（米歇尔·扎特林的答案是：在家待着。）

也许最有力的例子是索尼娅·帕金斯，2008年她的孩子刚出生不久她就得了乳腺癌。在她传奇的风险投资职业生涯中，她第一次意识到，没有一个亲密的女性朋友是件坏事。"我不喜欢加入那种女性的小团体，"她说，"但同行中我也没有什么亲近的女性朋友。我曾想，我要是能给雪莉·桑德伯格打个电话多好，我敢说，她肯定能给我出些好主意。我能说得上话的同行女性朋友不多——一只手就能数过来。所以我决定改变这一现状。"

索尼娅找到我和詹妮弗·芳斯塔德跟她一起创办一个从投资人到管理者都是女性的天使机构。我们三人都曾是硅谷风险基金的普通合伙人。在那之后的几年里，我们的成员投资了几十家由男性和女性领导的伟大公司。[林恩·帕金斯的在线保和朱莉·温赖特的 Thereahreal.com（设计师寄售平台）都是"百老汇天使"的公司。]斯坦福商学院（Stanford Business School）写了一个关于百老汇天使的案例，该案例已经成为他们教授的最受欢迎的案例之一。哈佛商学院也收录了该案例。

百老汇天使会举办正式的公司推介会议，但大多数实际的合作和情感关系的建立都发生在会议间歇中。正如索尼娅所说："我们彼此信任。虽然都是商业合作，但加入会员还有其他好处。我很感激我现在有这么多女性朋友和同事，这在我做风投基金普通合伙人的时候是没有过的。"

因此，多参加一些高质量的会议、活动和组织团体有利于女性之间相互支持。有一群彼此信任的朋友，可以在你沮丧时给予你鼓励、激励和帮助。从女性榜样身上可以获得灵感和支持。当你建立这些联系时，千万不要错过任何结交才华横溢的女性的机会。

但你也要注意：不要只和女性打交道而忽略了这些关系——那些可以为你提供资本、影响力及市场咨询的人，无论男性还是女性。说到资助，性别是一种通用的联系，然而，我认识的大多数曾被媒体报道过的成功女性，往往因为她们都是女性而经常

主动提一些尖锐的问题

求职面试是一个双向的过程：雇主在评估你的能力和匹配度时，你也在评估公司的整体文化、未来的老板和团队成员。问一些具体的问题是你的责任，这些问题可以帮助你了解你的日常工作生活中是否会有障碍和权力斗争。

权力问题：谁是最有影响力的决策者？哪些部门最有吸引力？你的团队与公司其他人的关系如何？

升职：是否有一个正式的绩效评估系统，如果没有，谁或者通过什么方式进行评估？

文化：驱动决策制订和工作关系的价值观是什么？组织中的高层是如何模仿这些行为的？

不要害怕埋头苦干，尤其是面试初创公司时，因为初创公司工作量大，员工和薪水却比较少——经常需要连轴转，这种工作与生活的不平衡并不适合每个人。

被其他女性接触。年长的女性可能愿意花时间了解年轻女性的抱负和目标,但除非她有高度针对性的相关经验,否则她能提供的帮助非常有限。在这上面投入的时间最终也不过是获得他人的同情或进行了一次"感觉良好"的交流。这些关系可能是非常愉快的,但它们通常不会产生任何影响。

只把女性作为目标赞助者存在一个更大的问题:你可能会限制自己的发展。在我之前提到的 Catalyst 研究中,女性比男性更倾向找女性做自己的导师——女性占 35%,男性占 9%。与此同时,公司中身处高位的大多数是男性。这意味着,整体来说,女性的导师在帮助她们得到晋升方面处于劣势。换句话说,她们可能是非常好的导师,但不是赞助人的最好选择。而赞助人是你在一个组织中获得快速升级的最好途径。

对女企业家来说,寻找男性赞助人同样重要,甚至更为重要。女性赞助人似乎是很舒适的盟友,但如果你在寻找赞助人时只找女性,就会处于一个极大的劣势。"看看数据,男性掌权者比女性要多,"吉娜·比安奇尼说,"男性赞助人更多,他们的资金也多,许多女性虽然地位相同,但她们无法提供同样多的资金支持。"

吉娜的观点更加可信,因为撇开赞助不谈,她比大多数人对女性互助的特殊价值有更深刻的认识。她创办了两家以兴趣为基础的社交网络公司,并与雪莉·桑德伯格共同创办了 Leanin.org(女性互助社区),以自己的专业知识帮助其他女性。吉娜深信，该组织的核心使命是帮助女性找到同伴，在面对特定性别的挑战时互相支持。无数女性因吉娜的工作与其他女性建立了联系，获益无数。

在互相帮助上，女性确实扮演了独一无二的角色。但不要将其与赞助混淆。相信你们行业中的男性，建立友情，欣赏他们的智慧和陪伴，并相信他们当中也会有人给予你同样的信任。和那些你认为触不可及的男性交往会给你非常好的感觉。挑战自我，尝试接触一个这样的男性。除了花点儿时间，你没什么可损失的。

和正确的团队一起加油

现在的公司雇用员工时非常看重"文化契合"。你找工作时也应如此。如果一个公司的文化让你觉得很舒服，你自我充电就会容易得多。如果你要快速发展，文化比任何导师和赞助人都更重要。

我刚开始工作的时候不这么想——没人这么想。但如今顶尖的公司在塑造他们的企业文化中起着积极的作用，其中一些公司做的远好于其他公司，它们创造了一个积极、包容的环境，给予每一个员工尤其是少数族裔员工以支持。（在第九章会详细介绍顶尖公司在这一块是如何运作的。）

你周围的人影响着你的态度，毕竟人类不是孤立的个体。但是你可以在消极的环境中创造一个与众不同的参照标准，仅凭一个单一的声音就可以改变它的文化。如果我没这样做，我不可能在 AMD 生存下来。然而，如果否认工作场所的文化对你的自我感觉和工作质量有深刻的影响，那就太不诚实了。在寻找机会的时候，把文化和同事看作一个杠杆，它可以让你更容易保持良好的态度。如果有公司在支持女性和少数族裔方面做得非常好，为什么不去这样的公司工作呢？如果越来越多的尖端人才"选择"这样的公司，越来越多的其他公司会认为这种文化是吸引优秀人才的关键，也会效仿这种企业文化。把支持性文化作为选择的关键一项。至于什么样的支持取决于你是谁，你需要什么。

斯坦福大学克莱曼研究所（Clayman Institute）的研究主管卡罗琳·西马尔（Caroline Simard），在帮助女性评估潜在雇主方面给出了如下建议。

高层管理者中有多少女性？ 克莱曼说，这个问题通常是一个指标，可以看出一家公司在机会平等的道路上走了多远。

公司是否计划从内部提拔员工？ 问一问晋升的流程和机会。

经理如何？ 如果你想在一家大企业工作，不管它的声誉如何，最重要的是你直属的经理如何。克莱曼说："例如，实际上，这些公司非常大，所以即使这些公司关于工作-生活的政策很好，但是你会发现自己只是在公司的一个特定领域工作，那里的文化对有孩子的女性可能并不友好。"

团队如何运作？ 你可以向经理询问团队合作的一些传统。

你怎么保证每个人都可以表达意见？团队成员如何提出自己的想法？

那里的女性感觉如何？ 如果可以的话，和在那里工作的女性聊一聊，听听她们的经历和态度。

在这些建议上，我还想再加一条，虽然这条建议没有任何研究依据，但我采访过的几位女性都提到过：如果你的老板是男性，试着打听打听他的女友或者妻子。如果她也有很强的专业背景，那么他对你的态度更可能像对待其他男性员工一样，认真、严肃。（我从不建议将这作为唯一的标准，但它是一个很好的参照数据。）

总而言之，有时候在公司里你需要逆流而上——比如，在"兄弟"文化盛行的情况下——但这是值得的，因为这个工作机会非常适合你实现自己的目标。有时候，你需要辞职，找一个更适合自己的公司。以劳拉·德鲁扬为例，她认为在20世纪90年代，美林证券那种父权制的投资文化不值得她继续留在那里。招聘她的女性在她一入职后就离开了，这让她成为副总裁级别上唯一的女性。听到一位同事以非常刻薄的语气和另一个同事谈论"和女孩们打网球"时，她批评了他："我想你没有接受过多元化培训吧？"他看着她说："我猜你相信了我们在招聘时告诉你的那些屁话。"后来，有一次暴风雪肆虐时，她没有按当时女性的惯例穿裙子和高跟鞋，而是大胆地穿了长裤套装，她的主管因此批评了她。

从那时起，她就开始考虑何去何从。如果投资银行是她的梦想，那么她可能会继续留下来。但她选这行是因为当时哈佛商学院毕业的同学都做了这行。她给一位在私募股权领域值得信赖的朋友打电话谈了这件事。"你又不能决定整个公司事务，又没有人事罢免权，也不能主管借贷业务，你到底待在那里干什么？"他问她。

在他的指导下，她发现风险投资更符合她的兴趣。她辞去了美林证券的工作，将纽约的暴风雪抛在脑后，再也没有回头。

文化契合度不仅仅是公司是否鼓励和支持女强人，这是最基本的。试想一下，面对以下两种公司你的态度有何不同：一个公司视新员工可有可无；另一个公司目标明确，为每个员工提供转型的职业体验。[这种公司是真实存在的：它是服装租赁网站Rent the Runway，它的首席执行官詹妮弗·海曼（Jennifer Hyman）设计了一套企业文化和工作流程，以最大限度地提高每个员工的学习能力。]

你有能力改变一个恶意满满的企业文化——如果不能改变它，那么你也可以从中得到你需要的东西，然后继续前进。每一个选择都需要勇气和强大的自信，而且永远不要充当受害者。你的目标是加入一个可以培养你个人潜力、可以让你去想象和征服那些你一个人无法完成的挑战的团队，一个可以帮助你自我充电的团队。

向上一步
power up

第六章　进入男性的空间

如今，男性仍然在新经济中占主导地位，拥有很大的基数，如果女性想要争取更多属于自己的空间，需要跨越这一文化障碍。雪莉·奇泽姆（Shirley Chisholm）是第一位以政党候选人身份竞选总统的女性，她曾经说过："如果他们没给你留座位，就自己搬把折叠椅过来。"本章就是关于如何才能做到这一点的：如何让自己精力充沛地加入对话、空间和活动，不管你是被有意或无意地拒之门外。

要想在职场占有一席之地，就要好好统筹自己的社交时间。如果你和大多数女性一样，那么你的社交圈里可能大部分都是女性，男性占比很小。这不是空口无凭，是有数据支撑的：女性的社交圈以女性为主的可能性要比其他情况高出三倍。这使女性处于一个劣势，正如我们之前讨论过的，掌权的人——给你工作、给你发薪水的人——是男性。

有很多原因可以解释为什么女性的社交圈大多以女性为主。在我看来，明显的性别歧视是最小的影响因素。但讽刺的是，女性群体的社交活动、会议和指导项目是为了应对性别歧视，而且其目标是为了帮助女性自我提升。但如果女性在这个舒适圈里待的时间太长，也会成为自我发展的障碍。一位年轻男性最近给我讲了一件事，他和一群年轻同事出去吃午饭。那天是周五，为了助兴，他们又要了一些啤酒。突然，他们中一位年轻女性说："呀，已经一点了，到了女性社交活动时间了。"然后所有女性都站起来走了。这位年轻人又叫了些啤酒，说，那现在是男性时间了。无意之间，这家公司出现了性别分化。

尽管如此，通过与我认识的男女交谈，我的直觉是，女性喜欢和女性打交道主要是因为更容易、更舒服，当然更有趣。如果你曾经参加过派对，就会发现一到晚上的某个时间点，人群就自然而然地以性别分开。你在工作中看到的，就是这种情况的缩影。

如果你参加工作还不到10年，你可能还没遇到过这种情况。这听起来有点保守甚至有点疯狂。在大家都是单身、没有孩子的情况下，男女之间的交往会更自然而然地发生，而且大多数工作中的社交活动都发生在性别特征不明显的酒吧里。而且如果在工作之外发展出了恋爱关系，人们甚至认为这是一桩美事。（只要不影响工作，我对此不做评判。）

随着年龄的增长，情况就变了。随着人们结婚生子，你开始倾向于与同性交往，无论是工作中还是私人时间。这样你不需要担心越界问题、他人八卦或者配偶的顾虑。在我和丹·林奇开始谈论合作后不久，丹告诉我，他的妻子想请我吃晚饭。很明显，她要评估一下她丈夫未来的合作伙伴——一位年龄只有他一半的年轻女性。她盘问了我几个小时，以评估我的技术能力、商业头脑，以及我与丹密切合作的具体目标。最后，她确信我和丹的合作不是为了掩盖一段婚外情。如果她没有这么做，我和丹的工作关系无疑会陷入尴尬的境界。她这么做会让自己觉得舒服，我对她这种积极和坦率的态度表示尊敬。

随着年龄的增长，性别差异进一步加剧，许多从未感受到"性别"困扰的女性在成为母亲后突然感到不同之处。怀孕、哺乳还有许多其他事情让初为人母的新手妈妈们和其他女性产生了共情。

除了一些实际的差异，在一个男性主导的场所工作，对任何年龄层的女性来说都有难以融入的感觉。有时这是因为明显的歧视。更常见的情况是，女性会面临"微冒犯"，这个词在我开启职业生涯时甚至还不存在。在那个时候，"微冒犯"是通用语言，所以我们没有想过要用这个词。有一个非常有趣的微冒犯的例子，是凯特·伯灵顿（Cate Burlington）在《吐司》（*Toast*）上发表的文章，《我的男性技术员同事对我说过的话及注释》。凯特列的清单：

- "看，这就是你的优点，我知道我可以对你开一些'无礼的'玩笑，而你不会在意。"

- "我曾经有过一位女老板,我知道我不该这么说,但我完全知道她每月什么时候来月经。"
- "你和我老婆可以裸体摔跤。"

即使你可以避免或者忽略这些愚蠢的评论,作为"他者"你也可能会感受到边缘感,仅仅因为你们不同。可能你们的文化背景、兴趣和态度都不同——或者可能你和他们这些点都相同,但和你一起工作的男性认识不到这一点。

尤其是我这代人,女性通常会抹掉自己或者至少中和自己的女性特征,这是一种让人筋疲力尽且孤独的经历,而且自很久以来这种做法都收效甚微。那么在工作中,如果你不能忽视自己与男性同事的性别差异,那解决方案是什么呢?

你要找到男女混合的社交环境中的矛盾点,并想办法战胜它。

成为局内人

我们不能完全控制别人如何看待我们。但我们可以控制自己作为局外人的程度。当你是你那群人中为数不多的女性之一时,这并不容易。然而,在这件事上,我们都需要以绝对积极的态度应对,否则,"局外人"的感觉会阻碍我们的发展。这让我们处于劣势。这种感觉会让你深信不疑自己局外人的身份,从而自我隔离，又进而扩大了隔阂。

我是亚美尼亚人，在土耳其这是一个少数民族。亚美尼亚人这个词经常被当作侮辱性的词来用。我知道自己是二等公民，尽管如此我仍然非常热爱土耳其和土耳其人。我的整个童年都在学习作为一个局外人如何舒服自信地生活。我学会了不要让一些人最初对我的恶意影响我对其他人的态度。我印象特别深的一件事是我 6 岁的时候，有一群小孩儿因为我的姓不是土耳其姓，上的小学也不是土耳其小学而朝我脸上踢沙子。但这并不影响我和沙滩上的其他小朋友交朋友，后来我和这群小孩儿也成了朋友。我学会了不要让那些最初的消极遭遇阻碍我结交新朋友。我对生活的渴望驱动着我的行为，即使是在很小的时候。

在我的成长过程中，有太多次因为自己的种族或者宗教而受到嘲讽。每次我都在内心评估这是否值得我去回应。通常我都是顺其自然，没有任何抱怨，我更喜欢打持久战，专注于我的目标。通常我会让时间向那些质疑者证明我自己，用我的能力去战胜负面因素并找到与他们的共同点。一旦我成为他们的盟友，我就能对他们的态度产生更深刻的影响。

这种态度对我之后上大学和工作都有很大的帮助。在硅谷，作为少数性别是相对有利的。除了学会处理因为女性身份偶尔需要面对的尖锐冲突，我也早就学会了如何让别人轻松看待我的与众不同。事实上，当我是房间里唯一的女性时我相当自在，以至于男人们会关闭通常在男女混杂的场合下谈话的过滤器。我曾经说过，有一天我会写一本书，叫《女人不在时男人说的话》。相信我：我都听到了。而这也是我希望的。比起担心自己的感觉，我更注重能让和我一起上学或工作的男性舒适地做自己并乐意邀请我加入他们。我让他们知道，他们可以在我面前说任何和男同事说的话。当谈话变得下流或令人讨厌时，我不做评判，但也乐于诚实地说出这种行为给我带来的感受。我认为，平等的最好方式是充分理解彼此的态度和感受。否则人们会彼此猜测对方的真实想法和动机，而坦诚可以带来更好的结果。只要我的同事在直接和我说话时尊重我，我就会感到开心和安全。

如果你觉得这听起来很被动，请放心：我不是受害者。这是一种积极的策略。我很早就意识到，要想以同样的速度，甚至比男同事更快的速度推进我的事业，被团队接受是至关重要的。如果你不穿球队队服，他们就不会把球传给你。如果我令他们感到不舒服，他们就会想办法将我排除在外，我会错失一些非正式的谈话，而这些谈话直接关系到未来的交易、合作关系和情报。此外，如果我要求和我一起工作的男同事注意他们的言行，那么在一些真正重要的事情上面，他们肯定不会不加任何滤镜地对我如实表述。不管他们在想什么，他们就是这么想的。我想，与其担心他们在背后会怎么议论你，还不如全听一听。如果和我一起工作的人对其他同事说了一些事情而没有对我说，我会感到不舒服。我很清楚，如果我放任不管，这可能会成为我职业生涯的障碍。

对当今的女性，我并不是一定要推荐这种"与你何干"的态度。首先，如果我采取一种更具对抗性的策略，可能会更快地为那些比我更不习惯沙文主义言论的女性创造一个更好的工作场所。我们有充分的权利和责任，站出来要求管理层（通常是白人男性）与我们合作，打造一个不仅包容女性，也包容任何少数族裔的工作场所。关键是要用一种合适的方式，让我们可以成为彼此的队友而不是对手。

如果说我的故事代表了一个极端，那么如今紧张、争执不断的职场氛围代表了另一个极端。政策制度可能会禁止人们的言论，但并不会真正改变人们的思想。短期内可能让我们觉得舒服，但长期来说只能适得其反。我相信，当男性和女性都能意识到，无论性别、性向、肤色或其他任何表面差异，把工作交给最有才能的人是一种美德时，我们就能在工作场所实现真正的性别平等。真正的平等来自欣赏彼此对组织的价值，而不仅仅是使用经过净化的词汇。通过周围的种种迹象，我看到我们对性别和性别问题的认识越来越清楚，也越来越敏感，这种敏感即使没有完全摧毁我们，也严重分散了我们的注意力。

举个例子，最近和一位年轻女士交流时，她告诉我，她最近"下意识"地觉得她被男同事们边缘化了。例如，如果团队中的某个男同事对她的配合表示感谢，她会很生气："我不是配合，我主导了这件事。"她开始觉得自己是最大的受害者。她在办公室里听着男人们的谈话，不知什么原因，她总觉得这些谈话"只有男性可以参与"。实际上，如果她想要融入只需要加入谈话就好了。"我需要找到一种积极的方式，"她说，"因为一旦我说，'我们一起做吧'，这些家伙不会说'不，你是个女人'。"

问题是，你如何让你的同事注意到自己排斥他人的语言和行为，又不让他们觉得受到了冒犯？如何建立相互尊重和信任？这个问题没有明确或正确的答案。

在办公室里结盟

指出同事性别歧视的言论或行为并不容易，让他们纠正自己的行为就更难了。无论你多么冷静或坚定，如果你不主动说出来，就要承受。没有几个男性认为他们自己是性别歧视者。比如"天真地"要求办公室里仅有的两名女性组织一年一度的为穷人募捐罐头的男同事就是这样，他觉得女性"做这类事太拿手了"。（这是我采访的一位女性告诉我的。）

首先，我推荐一个策略：找个男人和你一起做或者替你做。为什么不一起做呢？与你信任的人建立联盟是很有利的。它让你在可能无法发声的地方拥有自己的声音。（是的，包括男卫生间！）这个策略实际上分两个部分。

第一步是为自己找到一个或几个办公室盟友。即你可以和这些男同事建立深厚的友谊，不是恋爱或者暧昧关系。你可以毫无顾忌地和这个人说话，相信他会对你诚实，不会用你的话来攻击你。他是你的知己，而不是控制你的薪酬或晋升的人。一个平等的人，不是老板。

有些人会在亲密的同事之间自然而然地发展出这种关系。但如果你是那种觉得只有在家里才能做"真实"自己的人，那么你需要有意识地建立这种关系。像任何一段恋爱关系一样，你需要一段求爱期：你需要时不时地放下戒心，诚实地分享你们共同或各自面临的挑战。一旦你确定这些谈话没有外传，并且你变得更加自在，你就可以更加信任他，将话题扩展到更广泛的领域。

如果没有我的"工作丈夫"（事实上是我的工作搭档），我在风险投资领域的日子会艰难得多。除了向他抱怨我作为一个母亲所面临的双重标准，他还让我免于陷入"玛格达琳娜抨击"。我刚进入风险投资行业时，养成了一种可怕、低效的习惯，我总是严厉地自我批评并且认为我投资的公司出现问题是自己的责任。这是一个破坏性的自我行为，通常会导致我对自己产生严重的自我怀疑。在他的帮助下，我学会了避免这种无用的消极行为，这种行为浪费了我太多的时间和精力。

和异性建立友谊不仅有助于减少工作场所的性别歧视言论，也有助于缓解你的"边缘感"。也许你听说过盖洛普公司的研究，该研究表明，在工作中有最好的朋友的人工作效率更高，更有激情，对公司也更忠诚。（有趣的是，此研究表明"最好"比"亲近"的作用更大。）此外，在工作中有一个最好的朋友的人：

- 43% 的人表示，在过去 7 天里，他们的工作得到了表扬或认可；
- 37% 的人认为，在工作中有人对他们的职业发展表示了鼓励；
- 28% 的人表示，在过去 6 个月里，他们的进步得到了别人的认可；
- 27% 的人认为，自己的意见在工作中很重要；
- 21% 的人表示，在工作中他们每天都有机会做自己最擅长的事情。

盖洛普的参与性研究没有把性别考虑在内。但我鼓励女性交一个男"闺蜜"或蓝颜知己有如下几个原因：首先，有一个亲密的盟友，即便你是唯一一个女性，你也不会感觉像个局外人。

试想一下这个场景，一位女性程序员告诉我，她和团队的所有人都保持着良好的工作关系，这个团队除了她都是男性。然而，每次下班后团建时，她的老板只要一拿出苏格兰威士忌，气氛就瞬间尴尬起来。"我觉得我像个局外人。"她告诉我。因此她经常找一些借口拒绝参加这类聚会，也就错失了和同事以及领导联络感情的机会。如果当时我是她的朋友或者导师，我会鼓励她和团队里的一个人建立深层的关系，这样她就不会感觉自己是局外人——即便她不喜欢喝苏格兰威士忌或者她压根儿就不喝。

在工作中培养男性闺蜜的另一个重要理由是：他可以给你提

供一个不同的视角看待问题——可以这么说，他就像你安排在更衣室里的间谍。如果你觉得你可以足够信任他，他也会对你报以同样的信任。像任何其他红颜知己一样，无论男女，他可能会帮助你发现自己的不足，让你进行自我纠正。

最后，把工作搭档发展为自己的盟友是非常容易的。在这个人面前，你可以诚实地讲述你作为女性在男性主导的工作场所的经历。作为回报，如果他是一个真正的朋友，他会听你说话，真正的倾听。他会开始同情你，甚至同情你的处境——也许，在某些情况下，可以让你从不同的角度看待这个处境。

刚开始，你可能只是对男性盟友发泄一下，减轻一下负担。但随着关系的发展，你可以更进一步：告诉他多关注哪些地方，并让他在看到不妥行为时告诉你。如果在工作场所有一个男性宣扬的观点和你相同，那么其他人就不会认为这是女性的观点，而

像对待老板一样对待你的助理

无论头衔或职位，每个人都是潜在的盟友。我曾经为行政助理争取参加"仅限专业人士"派对的机会。没有人应该被排除在外，让他们觉得自己不适合参加公司的活动。他们也一样努力工作，甚至更努力，应该把他们看作公司的一员。我的行为没有降低我的地位，恰恰相反：它为我赢得了资深人士的尊重，也为我赢得了行政人员的忠诚和友谊。

是认为这是两种性别都同意的观点。这种让不同群体分享你的观点的方法是非常有效的。一旦你让"多数"一方的人认同并支持你的观点，你的观点就会得到更多的认可，且不会被视为分歧。

不管是不是你的同事，你总有想要表达意见的时候，就看你能不能"完美地表达出来"。约翰·兰道夫（John Randolph）是 2008 年在 YouTube（优兔网）上流传很广的一段视频的作者，该视频名为"如何告诉别人他们说的话听起来像种族歧视"。虽然这个视频距现在已经十多年了，但它仍然经常被人们分享，这说明他的方法非常有效。（他的演讲也值得称赞。如果你还没有看过这个视频，那就去看吧——他很有趣。）从性别歧视到种族歧视他都有讲到。要委婉地表达："你要做的最重要的事情就是记住如何区分'他们做了什么'和'他们是什么'这两种对话之间的区别。这是两种完全不同的对话，你需要确保你选择了正确的对话。"

他继续解释说"他们做了什么"是正确的谈话方式，因为它的关注点在于你说的具体的词语或行为以及原因。"他们是什么"这种说法是在指责他们说的不是性别歧视的话，而是本身他们性别歧视。他又说："这不是你想进行的谈话，因为这种对话不是告诉对方他们做了什么，而是攻击了他们的动机和目的，而动机和目的你只能猜测，无法证实。这样他们就很容易让你脱离正题。"

我尤为喜欢这个方法的一点是，在你"委婉地表达"之后，你仍然可以给他们留有余地。你没有质疑或羞辱他们的本质。你质疑的是一个特定的评论,并给了他们公平辩解的机会。这对双方来说都是一种不那么情绪化的、轻松的交流方式,使谈话更容易向前推进。

加入男性活动

我朋友的丈夫最近回家抱怨说,他们公司所有的女性都要求加入足球俱乐部。"她们甚至都不喜欢运动,"他抱怨道,"她们只是不想被排除在外。"

"她们当然不想,"她告诉他,"就是因为经常有体育这种把女性排除在外的事情,才造成了你的五个执行制作人中有四个是男性!"

"我们没想要排挤任何人。我们就是想娱乐。但她们什么都不懂,只会毁掉比赛。"他说。

在美国,这种情况在男性主导的工作场所随处可见。不论是体育还是漫画书或者打游戏,不感兴趣的女性自然就被排除在外。(我朋友的例子中,公司最后想出一个解决方案:每个男性都要与刚接触足球的女性组队,告诉她比赛规则。下个季度再取消培训制度。这个解决方案让足球对每个人来说都更有趣。)

有时候,这些包容的行为并不需要弄得特别复杂。我的朋友凯特·米切尔,斯凯尔创投的联合创始人,有一个加入性别对话的简单方法。在公司会议上,她会以一场"男性对话"拉开会议的序幕。有一半的话题都是体育类或者至少与体育相关。所以,比方说,在公司董事会当天早上,她会拿起酒店房间门口的《今日美国》,浏览一下体育版头条,她笑称为"体育谈资",比如"罗德里格斯签约到流浪者队"。

凯特解释称,"想要这个方法奏效,我不需要知道他姓亚历克斯,我甚至不需要知道他是打棒球的。我进入房间后,只要说一句'罗德里格斯签约到流浪者队'就行了。这些男士会向我展示他们比我知道得更多。"这个简单的 32 秒准备让她成功加入他们的闲聊。此外,她还是谈话的发起者,在非正式的董事会谈话中处于领导地位。尽管这很肤浅,但让会议室里唯一的女性成功融入了之后的正式会议。

虽然在职场中要想升职不必成为一名体育狂热爱好者,但是:如果你愿意敞开心扉,尝试新事物,那么与任何性别、民族或种族的人建立关系就会容易得多。如果你周围的男性喜欢比如说足球,那你为什么不花点儿工夫稍微研究研究,尝试一下呢?当然可能你本身就是足球爱好者。但对那些本能抗拒足球,因而对足球闭口不谈的女性,为什么不花点时间了解一下呢?了解规则,了解球员的履历,去看一场比赛,做好欢呼的准备。你可能会发现你喜欢它。

如果你不喜欢,那就算了。对我来说,很显然我对美国运动一无所知,而且我也没有足够的能力和耐心去学习。我从来没搞懂过，为什么一场球赛的倒计时已经是 1 分 58 秒了，但 10 分钟后比赛还在继续。结果就是，很多活动从来没邀请过我。但是那些活动没有邀请我是因为我不感兴趣，相应地我会组织一些我喜欢的团体活动——晚餐、远足，甚至和我们当地的特警团队一起射击——所以我不会因为被排除在外而感到怨恨。因为我经常参加活动而且坚定自信。我开始发现，那些我错过的重要谈话最终会再次传到我耳朵里，因为人们想要征求我的意见。

我用体育举例，是因为体育是工作场所中可能遇到的最常见的"性别"兴趣之一。话题也不必拘泥于体育。这样做的目的是让你自己的观点被重视。一旦你这样做了，你会发现你是否被邀请参加每个活动就没那么重要了——不管你在不在，人们都想知道你的意见。

男-女社交高手

如果你发现因为你或者你的同事结婚生子，你的社交圈全都变成了女性，你可以进行修正。

吉娜·比安奇尼十多年来一直致力于帮助人们创建有回报的社交网络，她先是担任 Ning 的首席执行官，Ning 是社交网络和社区领域的先驱，如今她是 Mighty Networks 的创始人和首席执行官，Mighty Networks 是一家帮助人们创建和运营移动兴趣网络的公司。作为创建过两家备受瞩目公司的女性，除了创业经历积累的专业知识，吉娜·比安奇尼还知道如何建立以及利用交际网实现目标。

吉娜说："这些限制是真实存在的。结了婚有了家庭，和男性的交往就不像和女性一样方便了。"在我采访她的那天，吉娜刚刚在她的交往策略中运用了一个新技巧。她原计划和两位男士去喝酒，其中一个因故取消。她没有取消这次约会，也没有忽略一对一约会可能带来的尴尬，她给这位男士打电话说："我们还可以邀请谁呢？"他建议邀请一个她不认识的人。因此，她不仅认识了新的朋友，也为自己创造了一个舒适的社交环境。这种实用的技巧还有另一个强大的好处：相比与一个人见面，与一群人见面能给你带来更好的回报。

对于参加令人不适的男性主导的会议或活动，吉娜也提供了一些建议。"你别不去，你找个人陪你一起去。找你的盟友。"当然这是在你有办公室盟友的情况。他是你信任的人，他的存在改变了你的状态，让你感到包容和安全。不一定是同性别的人。"你会觉得'你是我的朋友。我们之间不会尴尬，你可以和我一起去'，"她说，"这样的人是真实存在的。他们一直都在。你需要找找。"

吉娜本人回避"盟友"这个词，称其存在根本缺陷。这一描述暗含的意思是，女性会给我更多帮助，而男性只有"盟友"会帮我。这就建立了一种基于性别的等级观念，即谁会对你更有帮助。这是危险的，因为它服务于一个错误的假设，即女性最忠诚和最自然的拥护者是其他女性。这种情况是可能的，但不是必然的。

当然，在人际交往中无视性别的情况是不存在的。女性对自己和他人的态度也都带有性别滤镜。我们需要积极注意并纠正其存在的偏差。男人也一样。

有意识地选择你要参与的对话和关系，不要基于性别，而是要基于他们对你目标的重要性。与此同时，建立亲密关系和盟友，这样就没人可以把你赶出去。当你说服了那些可以决定你去留的人，"向上一步"就会变得容易得多。

向上一步
power up

第七章　为人父母的愧疚感及其他挑战

我曾一度不打算把育儿作为本书的一部分。但因为不论是在公众场合还是私下里，经常有人提及女性的工作是否影响了她们对孩子的养育，或生儿育女是否阻碍了她们的职业发展，这使我感到非常沮丧。我从来没听到过有谁问过男性这个问题。乍一看，科技似乎正在解决这一显而易见的冲突——或者至少很大程度上缓解了这一冲突——冻卵技术将生育年龄推迟到40多岁，让即将成为领导的新一代女性有了更长的工作时间。所以我在此先声明，如果你现在不确定是否想要孩子或者你已经很明确不想要孩子，这都是你个人的选择。

现实情况是很多女性都有孩子，正如我采访的一位女性所说的，这是一段令人咂舌的经历。在大多数女性的职业生涯中，这是最关键、最有里程碑意义的转折点。我采访的几位女性说，她们从来没觉得性别会对她们的职业生涯造成什么影响，直到她们的孩子快要降临，才有了不同的感受。成为母亲是一件非常美妙的经历，但对当今的职场女性，也是一个无比巨大的挑战。

我提到过，当代女性可以利用冻卵技术更好地控制生育对她们职业生涯的影响。选择延期生育对你的职业生涯会有帮助，但40多岁再要孩子也要面临一些挑战。你挣的钱更多了（希望如此），但你肩上的责任也更大。这时候突然要养孩子，这完全相当于第二份全职工作，对你来说也是非常不容易的。这不是说冻卵不好，只是这并不能抹去同时养育两个"孩子"——后代和事业——要面临的挑战，即同时全身心地投入这两件事。只有改变美国商业文化和政策才会有所帮助。但对那些一心扑向事业的人来说，这种矛盾一直都在。毕竟，一天的时间只有那么多。

综上所述，你可以尽早开始考虑你是否要为人父母，你将如何为人父母，以及你将如何平衡你的生活与事业。总的来说它是一套流程——备孕，休产假，照顾孩子——但它也是身份认同。你能读这本书，说明现阶段你也许根本不想要孩子。但我认为，你现在可以开始考虑这些问题了。

皮尤研究中心（Pew Research Center）的数据显示，在我抚养儿子的时期，只有十分之二的女性承担养家糊口的责任。如今这一数据是十分之四。虽然我并不是完全不受社会反面声音的影响，但我发现忽视它很容易。我很小的时候就决定不做全职太太——不只是为了我自己，也为我以后的孩子。我做这个决定是基于我作为女儿的经历。

《今日美国》的一位记者曾经为了母亲节专题采访我。她想知道我的母亲是否对我的职业生涯有所影响。我说："当然有影响。在我成长的过程中，母亲的生活每天都在提醒我什么事不能做，不能做到经济独立，生活实在是太困难太痛苦了。"

这位记者很震惊但还是礼貌地听完了我的故事。他们不常听到对母亲的这种评价。值得一提的是，她把这个故事以非常积极的态度写了出来，尽管这并不是一个积极向上的励志故事。

我的母亲塞尔玛是个伟大的妈妈，但在我的整个童年时期，她过得都不是非常顺心。作为生活在20世纪40年代的土耳其女性，生活给了她太多禁锢，她别无选择，只能痛苦地全盘接受。曾经她可以有机会在一个资助人的资助下到美国上大学。她想要学医，但作为家中的独女，她觉得有责任照顾家庭，内心非常纠结。在土耳其，无论是过去还是现在，和其他地方一样，人们认为女儿应该照顾年迈的父母。最后，她牺牲了前往美国学习的机会，留在家里照顾父母。

我的母亲也是典型的牺牲者，正如她之前和之后的许多女性一样，她牺牲自己的欲望支持他人：她的母亲、她的丈夫、她的婆婆、她的孩子。她为其他人全身心地付出，收到的回报却少之又少。无论我们给予她多少感激和赞扬也无法弥补她牺牲掉自己的机会所带来的痛苦。在孩童时期，母亲习惯性地抱怨令我非常难过。我知道我想让自己过得更好。所以，我开始学英语后，第一句口头禅就是"赢而不怨"，这是从我的第一位英语老师那里学来的。母亲的故事对我是一个警醒，如果我不努力抓住每一个我遇到的难得机会，甚至——或者尤其是——那些似乎是禁区的机会，我会像母亲一样度过一生。

我不可能像我母亲那一辈人一样生活。我相信会有其他版本的母亲模式更加适合我。从记事起，我就想要孩子，确实我也是斯坦福的同学中第一批有孩子的。我想这是因为我受父亲教育模式的影响。他很享受做父亲，而且他表现出做父亲很有趣。他会从工作中抽出时间带我们去海滩，或者来我们学校为全体学生放映以前的好莱坞喜剧。他为我们和其他50名青少年组织了一次为期10天的年度露营旅行，并担任我们的营地辅导员。我的父亲能够做到在深深地参与到我们的生活、珍惜我们的梦想的同时，不牺牲他自己的梦想。母亲的角色让我觉得疏远，但父亲的角色，暂且这么说吧，是我一直向往的。鉴于我父亲的行为，我认为拥有事业的同时养育孩子是完全可行的，因此我从来没考虑过不要孩子这个选项。我也从没想过放弃事业。我父亲的行为让我很小的时候就下定决心，即使是嫁给了世界首富，我也要自己挣钱。

如果没有我的母亲，我父亲和我都不可能在为人父母和事业之间做出很好的平衡。她在养育我的儿子上付出的精力和我是一样的。父亲去世后，她在土耳其无所事事，就搬来了加利福尼亚。我第一个儿子出生后，她搬来和我们一起住。

我母亲要负责我们的一日三餐而且全天候照顾我们的儿子。正因为如此，我才可以搭乘红眼航班去见投资者或者临时决定去对岸开会，有时我还会连续工作很长时间，但我不用担心我的孩子是否受到了很好的关爱和照顾。

虽然我的母亲很疼爱我的孩子们,看起来也很享受带他们去街角公园玩耍,但我仍然看到许多与我童年记忆中相同的沮丧行为。但故事以一个快乐的转折结束。我的孩子们开始上幼儿园后,我63岁的母亲开启了全新的生活:她找了人生中第一份工作——当地全食超市面包店的咖啡师。她学会了如何做卡布奇诺和叫不上名字的外国饼干,比如奶油曲奇。这份工作和随之而来的薪水改变了她。她在我们眼前绽放开来。

我的母亲从未上过大学,但她却掌握6种语言。14岁之前,她一直在布尤卡达岛的家中跟随一个瑞士私人家教学习,直到她就读当地的美国高中。她博览群书,熟记大部分歌剧,关注世界大事,对于经常光顾这家店的斯坦福大学的国际交流生来说,她是理想的咖啡师。她很享受这份工作带给她的知名度,并以极大的热情为顾客服务。她太喜欢这份工作了,经常提前20分钟到店,然后在外面等着交班。不久,她被派到帕洛阿尔托的分店。现在谁都认识她了。每一天,她似乎都在用6种语言和半个镇子的人交谈。人生中第一次,她靠冲咖啡以及和陌生人交谈赢得了尊重和价值。每周六下午带孩子们去公园时,我看到她的态度有了明显的积极变化。因为工作而得到报酬,即使因为不起眼的工作得到认可,这都让她感到被别人肯定和重视,她因此变得更加快乐。(多年后,我的儿子特洛伊参与了亚马逊收购全食超市的工作,她为自己也尽了一份力感到自豪。)

看着母亲在 63 岁时的转变,我更加坚信,对我自己和许多其他人来说,孩子和事业同时兼顾,比全职太太更能带来幸福的生活。这也有助于我们成为更好的母亲 —— 以及更好的榜样。对于我们这些追求事业的人来说,我想说,不要再假装有其他选择可以让你完美地平衡家庭和工作了。男性一直享有这种待遇,现在是时候让我们改写规则了。

不必愧疚

我原以为,"妈妈的罪恶感"会随着锥形内衣和那些脖子上系着漂亮大蝴蝶结的衬衫的消失而消失。但它没有。我很高兴地看到许多成功女性也成了新手妈妈。几乎无一例外,当她们听说了我的职业以及我有两个孩子后开始问问题,所有这些问题似乎都指向她们出于礼貌而不敢问的那个问题:你的儿子们都还好吗?

即使到了今天,我的两个儿子对于幸福和成功都有了自己的标准,我最近也经历了一场母亲的愧疚。我参加了一个徒步旅行团,一个快 30 岁的女性问我是不是一个妈妈。鉴于她还很年轻,我脑子里想到的她说的"妈妈"应该是在家里看孩子的那种妈妈,于是我想都没想就回答说不是。她比我走得快,我们很快就分开了。在徒步途中,我又思考了她的问题,我想到,她可能只是想问我有没有孩子而已。

我认为我有必要澄清一下，于是我赶上她说："嗯，其实我是一个妈妈。我有两个儿子，都成年了。"她看我的神情，你可以想象一下，好像是我告诉她我把我的孩子遗弃到火车站一样，即便后来我又做了解释。尽管那一刻很尴尬，但还不是最丢人的时候。走了很远之后，我和其他两个人分别进行了聊天，她们都说："哦！是你！那个忘了自己是妈妈的女人。"

这种文化羞耻感让职业母亲感到内疚，即使她们竭尽全力确保自己的孩子快乐、健康，沐浴在爱、关心和充实中。在一个有这么多女性养家糊口的时代，仍然存在这种焦虑看似很奇怪，但坦率地说，这确实是一个令职场女性担忧的问题。成为一名全职妈妈是一种只有极少数人才能享有的特权。

海蒂·扎克在她开创自己的公司那年有了第一个孩子，之后又有了第二个，她是我见过的调整得最好的首席执行官兼母亲之一。她告诉我，当她少有地感到愧疚的时候，她会提醒自己三件事：第一，能够从事自己喜欢的事业是件非常幸运的事情；第二，她为身为女性创业者感到自豪，同时也为成为"正在做着了不起的事情而不怀有愧疚之情的伟大女性"的一员感到骄傲；第三，她相信，她的孩子们会非常感激他们的父母言传身教告诉他们，妈妈和爸爸一样都能做一些非常专业、非常酷的事情。"我希望5年或者10年之后他们会说'我爱我的妈妈。她是个了不起的妈妈，她做的事情非常酷'。"

我还记得我的儿子们是如何自豪地带着他们的朋友走进书

店,直奔一个书架,我的书《创建虚拟商店:将你的网站从浏览转为购买》(Creating the Virtual Store: Taking Your Website from Browsing to Buying)就放在那里,封底有我的照片。我还记得,当我被美联航飞机上的乘务员认出时,我的小儿子是多么高兴。他们航班的高科技特别节目中,我是主要嘉宾,谈论电子商务和互联网支付。实际上,因为他的"名人"母亲,乘务员给他拿了许多巧克力,这才是他最开心的。周末我带他们去办公室加班的话,我的儿子们也非常喜欢周五合伙人会议留下的免费饼干,这是有个职业母亲会有的额外福利。

但我也记得有一次滑雪旅行时,我开车带着大儿子和他的同学,他们在后座聊天。他们都是13岁,他同学的妈妈是一家热门电子商务公司的首席执行官。如果你给孩子们当过司机你会发现,孩子们就像坐在一个无人驾驶的车里,肆无忌惮地聊天。你会听到很多有趣的事,这次我听到他们在计划自己未来的爱情生活。他们都打算结婚,而且结婚后,他们都觉得他们的妻子要多照顾家庭,要做饭,不要像他们的妈妈一样。他们还抱怨自己的母亲花了好长时间才完成他们要求的事情——如果她们真的做了的话。

如果我们的文化没有让你对自己的雄心壮志感到内疚,那么在某个时候,你的孩子们也会。那天在车里,我的心都快碎了。但相信我:当一个3岁或者13岁的孩子告诉你,"你正在把我的生活毁了",不要把它当作可行的生活或职业建议。这些天来,如果我的儿子们对我有什么抱怨的话，不会是我对他们照顾的不够，而是我对他们的学习和未来的期望要求太高。我是一个非常成功的人，我希望我的儿子们也可以成功。幸运的是，他们两个都没有让我失望。

事业和家庭同步进行

即便你还没孩子，你可能也听说过，在商业和文化快速发展的美国，身为尽职尽责的父母的同时自我充电并不容易。在硅谷就更难了，在那里，每一家公司都在争抢先机，而且在很大程度上都是男性的配偶在负责家务，即使不是所有的家庭都如此，但这仍是目前大多数职业男女的现状。

有一次我要接受一个科技新闻直播的采访。距直播开始前的几分钟，我和这个记者挨着坐下来。他注意到我在一个小记事本上记东西，问我是否在准备答案，还提醒我在拍摄时不要照着笔记本读。我让他看了看我写的东西，他笑了。"我还没见过谁马上要上电视了，还在写购物清单！"他说。

也许我是他采访的第一位职业母亲。"参加完你的节目后，我就要去采购了，"我说，"我哪里还有其他时间写呢？"

即便我的母亲可以 24 小时照顾我的孩子，在他们出生的那一瞬间，他们就影响了我的职业选择。但我从来没有认为我拒绝的那些机会是牺牲。我总是认为，总有一个方案，可以让我兼顾家庭和工作。

我第二次拒绝苹果是因为我的孩子。（我在第一章提到过，第一次拒绝苹果是因为一个教授建议我不要在一个以水果名字命名的科技公司工作。）史蒂夫·乔布斯刚刚重返苹果公司，想让我担任他的营销副总裁。我们连续工作了几天，就苹果的广告活动和潜在的公关策略进行了头脑风暴，然后他让我在周末继续工作。

"当然可以。"我说。

我星期六很早就去了，我们一起度过了愉快的工作时光，并最终在晚上8点左右结束了工作。我离开时他说："嘿，今天感觉很棒。我们明天再来一天如何？"我答应了，周日又从一大早干到晚上9点多。这个工作令我激情澎湃同时也精疲力竭。不用说，那一整个周末我都没陪我的孩子们，当时他们一个7岁一个9岁。

周一的时候，史蒂夫邀请我加入苹果继续和他并肩作战。我对他笑了笑说，我感到很荣幸："但这个工作不适合我。"

史蒂夫大为震惊。"但是你不是很享受这个工作吗？这个工作不好吗？"他问。

当然我很享受，这也是个非常好的机会。但我还有家庭，还有除了工作以外的责任。而且，我预料到，那周我们的工作模式将是我们以后一贯的模式。对我来说，这是无法持续的。虽然理论上说，家里有我妈妈和保姆，我可以一周工作7天，但这不是

> **在办公室度过家庭周末日**
>
> 我上班以来经常需要周末到办公室加班,也经常带着我的儿子们一起。当我不得不在一个原本可以到海滩或者公园郊游的阳光明媚的日子工作时,我需要一种方法,使寒冷、安静的办公时间更有吸引力。
>
> 我们家没有电视,首先因为我每天工作时间很长没空看,其次我不想我的孩子们一直看电视。我开始创业时,我的儿子一个3岁一个5岁,我在办公室的会议室装了一台电视。周末和妈妈一起去上班就从惩罚变成了盛宴,他们可以随心所欲地看电视,想看多久看多久。我办公室里还有很多玩具,和家里的不一样,他们会觉得很新鲜。再从办公室厨房里给他们拿一两块饼干,周末跟我来上班就成了一项非常有趣的活动。

我想要的。

因此我拒绝了史蒂夫·乔布斯,且没有回头。最近有人问我当初做这个决定是否后悔。我一贯不会"后悔",因为后悔是浪费精力。史蒂夫给我的反馈是积极的:我的技能得到了肯定,我决定选择一份适合自己的工作。

如果你每天都要6:30准时到家陪孩子们吃饭,而你的同事每天都要工作到很晚,你会觉得自己像个局外人而且有掉队的感觉。找一家能让你在有限的条件下茁壮成长的公司。我一直认为，就职业发展而言，"职业婚姻"中最重要的部分是你选择的专业群体，无论是公司还是商业伙伴。如果你选择的公司与你的需求相悖，你会觉得自己被迫为了适应工作而牺牲了自己的生活，这种不适会让你觉得自己是个受害者，而不是你主动选择这样的生活。你可能会开始觉得自己什么都想做，却什么都没成功。

这种被撕裂的感觉造成了这么一个概念，即为人父母和事业两者不可兼顾。你只能做好一项，而且是牺牲了另一个的前提下才做得好。事实上，为人父母可以让你比以前更加优秀、高效、上进。在线保的林恩·帕金斯可以一口气说出好几条她的孩子对她职业生涯的帮助。第一条就是，在线保的诞生归功于她孩子的出生。（我之后会讲这个故事。）林恩还告诉我，虽然能用在工作上的时间少了，但她却可以处理更多的事情，因为成为妈妈后，她变得非常善于安排事情的轻重缓急和管理时间。"这太不可思议了，"她告诉我，"现在回过头看看，我会想，我20多岁的时候都在干些什么啊？那时我周六早上起床后，直接就吃早午餐了，我还觉得9点已经够早了。现在，9点的时候我都干了20多件事情了。"

林恩曾经是那种无论工作还是休息，大脑时时刻刻都在不停运转的员工。如今，当她下班回家后，她所有的注意力都在孩子身上。这么做有一个意料之外的好处。"有时候，你不想着工作的时候反而能想到一些好主意。强迫自己休息真的是件好事。"最后，她说，7：30孩子们上床睡觉后，她会继续待在家里办公，而不是像她以前那样出去应酬社交。

关键是找个方法将你的工作和家庭进行合理的安排。对大多数人来说，这可能意味着找一份自由职业或者在家办公。即使公司有相关的支持性政策，你也需要积极地为自己争取。开口之前，确保你已经把细节想清楚了，就像你要处理的任何项目一样。为了你的职业，你需要将未来的事情考虑清楚。首先，问问自己，如果一周需要在家办公五天，你是否能高效完成。如果你觉得不行，那一周两天或者三天呢？如果你想找一份在家办公的工作，首先要拥有一个能确保你高效完成工作的环境和条件。

然后考虑下所有的细节：

- 人力资源部门是否有现成的相应政策？
- 你家里有一个专门用来工作的房间吗？或者，你可以找一个地方当作办公室吗？
- 你会使用什么工具实现对话和签到？
- 作为在家办公的员工，你如何衡量你的工作效率？
- 你想在家工作多久，或者弹性工作多久？

在你完全确信你能取得巨大成功之前，不要向你的老板介绍你的工作计划。当你要求改变工作模式时，应该提交一个书面的计划，列出你所提议的"商业案例"。你应该清楚地表明，为了公司的利益，你做了全方位的考虑。你要说服你的老板，你的计划比在公司上班能够给公司带来更多的好处。清晰地阐明你的理由——从雇主的角度而非你个人的角度。

当然，居家办公或者减少面对面的工作时间也有一定的风险。即使是满怀善意的同事，也会误以为你将重心转移到了家庭，因此可能会把一些具有挑战性、对事业发展有利的项目交给那些没有孩子的、每天加班到很晚的同事。也有可能只是看不到你就想不起来你，因此你错失了一些机会。我认识的那些最成功的女性，从产假开始就采取措施，在减少露面时间的同时，增加自己的存在感。一些小技巧：

1. 请"看得见的"育儿假。WNYC（纽约公共广播电台）"性、死亡和金钱"播客的主持人安娜·塞尔（Anna Sale），她生第一个孩子时请了 4 个月产假，她告诉《纽约客》杂志，她休的是"可视"产假。虽然她将产假的大部分时间用来照看她刚出生的孩子，但她依旧参加每一期的电话互动，并与嘉宾主持进行简短的聊天。她想给人们留下这么一种感觉："安娜休产假了，但她还活着还在呼吸，她是一个真实存在的人。"

2. 明确告诉老板你的重心。不论在休产假之前还是之后，都要告诉你的老板，虽然你的工作日程改变了，但你的奉献精神不会变。如果你没有明确表明你的态度，他们可能还以为把你从新项目或者新任务中除名是对你的优待。当谈到轮休或弹性工作制时，确保你有明确的绩效目标，可以用来衡量新的安排是否有效。你还要确保，比正常打卡上班时的工作时间要长，比如在公司的聊天群里早点儿打卡，比下班时间晚点儿打卡退出，在回复电子邮件和处理其他交代给你的事情时要比往常更快。提高效率，奉献得更多，这是让你的新工作方式成功的唯一办法。

3. *有策略地安排见面时间*。你要清楚地知道哪些会议可以以电话会议的方式参加，哪些需要亲自出席。要确保你在办公室的时间不只是简单的露个面而是有效社交。最大限度地利用和别人坐下来交流的机会。在公司内部沟通网上多花些时间。如果你开始感到自己被遗忘、被忽略了，相信你的直觉：你很可能是对的。你要么做好接受这一负面影响的准备，要么做好每天正常打卡上班的准备。

4. *招募耳目*。办公室里一些最重要的谈话往往是自发的、非正式的。找一些你信任的人——经常在公司里闲聊的人——作为你的耳目，让你了解那些你无法从邮件或会议中了解的事情。定期与他们联系，让他们成为你的盟友，只要有可能有助于你的事业，就回报对方。

我被问到的另一个最多的问题是：我该什么时候公布这一消息？当你明确了自己的内心，并制订出了有力且具体的工作计划时，你就可以告诉你老板或者投资者你怀孕的消息了。你可以这么想：你见老板的时候不是在告诉他你怀孕了，你是在向他汇报你的工作计划。

换句话说，你不能仅仅告诉老板你怀孕了。虽然这对你是好消息（希望如此），但对你老板就不一定了。他们可能会为你高兴，痛快地给你产假，但你却留给他们一个管理难题。

那为什么不替他们解决这个问题呢？这样你的老板听到这个消息后会更加舒适，而且更重要的是，你可以更有利地掌控休假中以及休假回来后的职业发展规划。思考如下问题：我想请多久的假？什么时候开始休假？回来上班的时候我希望我的工作如何改变？谁接手我的工作？

当然，这些问题的答案可能会随着时间的改变而改变，尤其是如果你是第一次怀孕。你的身体和宝宝的身体也可能会制造一些麻烦，完全打乱你的计划。但你知道吗？这就是生活。你唯一要做的就是尽量制订一个计划平衡你的工作和生活。如果你不做，可能会有其他人替你做，而你可能不喜欢他们的计划。

如今越来越多的公司意识到，要想吸引最优秀的人才，他们需要比当今大多数公司更了解怀孕和育儿方面的知识，以给予公司里已经为人父母，尤其是身为母亲的员工更大的支持。塔尼娅·欧米兹，我们之前介绍过的内部创业家和数字分析能手，当她在亚马逊的老板告诉她，她将获得全薪产假时，她感到震惊和惊讶。她来亚马逊工作的时候已经怀孕5个月了，在这里工作了一个月后她公布了这一消息。她还以为她的工作年限还不够享受这一福利。不仅如此，当她的儿子杰斯（Jace）提前两个月出生，并需要在新生儿重症监护室（NICU）住两周时，塔尼娅说,她的老板和人事部门的同事竭尽全力满足她分娩的独特需求。

为妈妈们考虑的公司确实存在——但要让所有人都能从政策上享受这些好处,我们还有很长的路要走。大多数人都需要拼尽全力,并且在平衡工作和育儿时要机智并富有创意。就是在这些时候,我才意识到,自我充电比其他所有东西都重要。

家庭假和共同抚养

我们都应该用家庭假的说法。如果我们想在工作中被平等对待,我们就不要再用产假这一说法。母亲产后身体修复需要时间,但如今吸奶器已非常普遍,父亲可以早早地参与照料孩子的过程。另外,家庭假不仅适用于父母照顾孩子,也适用于照顾家里年长的人(如今大部分是女性请这个假)。

法律和政策本身并不能解决生育相关问题的性别偏见。如果只有女性待在家里照顾婴儿,那么所有公司依然会将育龄女性列为风险雇员。不管法律怎么规定,这种意想不到的后果将导致女性没有同样自我充电的机会去提升自己。

这就是为什么职场平等的下一个重大飞跃要从家庭开始。男性和女性作为父母越多地根据他们独特的需要共同做出决定,女性就会越强大——无论是在家里,在工作中,还是在男女之间不断增长的重叠空间中。

性别中立、家庭友好的政策并不一定会带来公平的竞争环境 —— 事实上，它们会让问题变得更糟。这是经济学家对几所大学进行研究后的发现，这些大学为已为人父母的男性和女性都延长了申请终身教授的时间。"这些政策使男性经济学家在第一份工作中获得终身职位的概率提高了 19 个百分点。相比之下，女性获得终身职位的机会下降了 22 个百分点。"《纽约时报》（The New York Times）报道。受这些政策影响的男性，研究和发表论文数量显著提升，但女性并没有。这一研究的作者推测，这是因为女性依然承担着照顾孩子的主要责任。

有伴侣的女性应该多鼓励她们的丈夫享受家庭假。如果有更多的男性在有了孩子后主动留在家里，社会规则才会最终改变。大家都享受家庭假，每个人的机会就都会增加。

Rocksbox（一家成功的珠宝订购公司）的创始人梅根·罗斯，决定创办公司的同时生下她第一个孩子。"开始的时候很难。孩子一出生我得马上回去上班，因为那时公司没有我就运转不了。"尽管这是个很大的挑战，罗斯说那一切都值得。"我知道有时候真的很难，但也很精彩。我觉得让女性知道创办公司的同时要孩子是可行的 —— 这点非常重要，而且你会得到意想不到的回报。"

罗斯说她的丈夫工作也很忙，她说："他觉得应该和我一样承担起父母的责任。不是出于义务而是因为他想参与到我们儿子的生活中。"但他们两个有时候觉得在与当下社会做斗争。罗斯

> ### 乌托邦是什么样子的
>
> 如果你想粗略地了解一下支持在家工作的公司是什么样的，那就去 Rent the Runway 看看吧，那里 80% 的高管都是女性。Rent The Runway 的首席执行官詹妮弗·海曼告诉我，她们公司的政策是员工至少可以享有 12 周的带薪休假。不论是母亲还是父亲，不论是亲生的还是领养的孩子，这一政策都适用。孩子出生后的 4 到 5 个月，员工可以选择兼职工作，一周来三天，拿全薪，或者他们可以在不影响工作的情况下继续无薪休假。不要指望你未来的雇主会提供这些福利。记住：这里是乌托邦。但知道有这样的公司也很好。

注意到，在我们的社会中，应该由女性照顾孩子这一偏见太根深蒂固了，甚至连儿童书籍都是。"大多数童书都是关于'妈妈和我'。我想给我 18 个月大的儿子找本'爸爸和我'来读一读真的是不容易。"

真正的共同抚养对大多数女性来说仍然只是梦想中的事，现实中根本不可能。我认识的能够拥有真正和她们分担育儿和家务的丈夫的女性，并不是中了头奖。他们坐下来认真商讨了这件事：在孩子出生之前，他们会严肃、认真地讨论如何分配家务，有时不免会出现一些争执。当然，不是所有的夫妻都需要完全平等地分配家务，但每一对夫妻都该对此话题进行讨论。如果不进行此类话题的讨论，那么基本上都是女性承担了这些家务，即使夫妻双方都是上班族。

朱莉亚·哈茨是我采访的女性中，为数不多的在育儿和家务上和丈夫五五分的。也许是因为他们在商业环境中已经如此行事很长时间了：朱莉亚和她老公凯文·哈茨共同创办了Eventbrite，知名的赛事票务管理平台。2006年至2016年凯文是这家公司的首席执行官。从2016年4月，朱莉亚接管了这一头衔——"在某种程度上，我们几乎互换了位置。"她说。

事实上，成为首席执行官对茱莉亚来说是一个重大的转变，她需要提升自信心，并重新思考自己的职业身份。首先，她不确定自己是否准备好担任这一职位，即便Eventbrite的所有人都大力支持她。当她正式成为首席执行官后，她在董事会决定后的第一个晚上失眠了，她请凯文"说一个你觉得迷人的女性首席执行官"。（他的答案是"你"。）

她上手之后，这些焦虑很快一扫而空，而且她发现，她就是当首席执行官的料子，而且是非常优秀的首席执行官——当然，她也可以非常迷人。无论是过去还是现在，她和凯文，不管他们的正式头衔是什么，一直都是同一个团队的合作伙伴。"在共同创始人的身份之上，我们又组建了婚姻关系和亲子关系，"她说，"是的，我生孩子后休息了很长时间，但除此之外，我们在工作和处理家务方面完全平等。"

朱莉亚和凯文是神仙眷侣。

他们两个认真规划了作为合伙人和父母应该分别遵循的规则。她把他们的成功归功于决心和坚持。遇到了问题,他们"解决问题的同时提高生活技巧"。

尽管他们的地位是平等的,茱莉亚认为她的丈夫付出得更多。"哦,天啊,他是个女权主义者,看他对我多么的支持。虽然根据我们自己商定的规则,我不需要这么感激他。"她说。好样的!

愧疚感是真的。让我们支持和鼓励爸爸们,也不要再斥责那些选择短期休假的妈妈们。我们需要质疑的是那些将养育孩子视为性别责任的既定规范和政策。如果你认为那是几十年后的事,这个案例可能会改变你的想法。GoldieBlox,一家领先的儿童教育玩具和媒体公司,一直没有关于家庭假的相关政策,直到他们的一个员工马上要有孩子了,要请家庭假,他们才后知后觉——而且当时请假的是一位男性员工。现在,GoldieBlox 首席执行官黛比·斯特林(Debbie Sterling)将于 2016 年秋季迎来她的第一个孩子。"我丈夫和我还没商量好要休多长时间的假,"斯特林说,"我们到时候看我的情况以及公司的情况再定。我们将见机行事。"

现在,作为一个带着三个孩子的单身母亲,做着一份按时薪结算的工作,该如何应对生活呢?更别提事业上的发展了。最简单的答案是想办法。事实上,数以百万计的女性每天都是如此度过的。问题的关键是找一个支持你的社区、公司和老板。接受任何你能接受的工作,但要不断面试,直到你找到一家支持你的公司和老板。一些大公司甚至有托儿服务,还有的公司有灵活工作时间。记住,养育孩子最紧张的部分只有10年,而你的职业生涯是45年或更长时间。在育儿时期,如果你不能如期地快速发展,不要灰心。你还有很长的工作时间,只要你有积极的动力并坚持不懈地努力,你就能够实现你的梦想,即使不是今天,在孩子们适应了学校或大学毕业后,你也可以实现。

为人父母后,创业代替就业

20世纪美国的企业文化是建立在家里拥有一个全职太太的基础上的:有人为你做饭、打扫卫生、照顾孩子。现在这一情况有所改变,但男女都受到了伤害。鉴于女性总的来说要比男性承担更多的家务,因此除了做家务还要工作的女性受到的伤害更大。

10年来,美国女性外出工作的比例一直不高。据《纽约时报》2015年12月报道,待业的女性中,61%认为家庭责任是主要原因。2016年麦肯锡的一项研究指出,女性不想做高管的原因中,居于榜首的是害怕平衡工作和家庭(42%)。同样比例的男性表示,工作与家庭的平衡阻碍了他们向上发展。

许多女性都将创业作为解决方案,我也是其中之一——虽然创业一样需要努力工作甚至需要你付出更多,但你可以安排自己的时间。让我们不要假装这是一条容易走的路，尤其是对单亲父母或任何收入不高的人。我认识的所有有孩子的企业家，都结婚了，而且有足够的经济实力请全职保姆。至于我，我的丈夫也有工作，我们生活节俭，而且我们有一个现成的保姆——孩子的外祖母，所有这些让我有条件冒险创业，而且我母亲没有任何报酬地干了好几年。

特里西亚·吴是一位风险投资人，她与詹妮弗·芳斯塔德共同创立了 Aspect Ventures，每天都与新的首席执行官打交道。Aspect 专注于公司的首轮投资，这是该公司收到的第一笔机构投资。特里西亚指出，创办公司的最好年龄和生孩子的年龄是重合的。"你能同时处理好这两件事吗？答案取决于你能承受多少不确定性。这两种经历都将你推向未知的领域，在那里你无法清楚地看到未来的走向。"她说。

好消息是，新一代女性创始人正在创建的公司，其人力资源政策和文化尊重员工在工作之外的责任。在线保的林恩·帕金斯就是其中之一。林恩最近的创业故事有一个非常典型的开头：她和丈夫的职业要求都很高，而孩子让他们无法很好地平衡工作与生活，她选择了辞职。

她和丈夫在家里有一对两岁半的双胞胎的情况下都需要全职工作。她的丈夫需要经常出差，而她偶尔也要出差。她在加州一家转卖酒店的公司工作。比如说，他们会在威尼斯海滩买下一个最好的西餐厅，重新设计一下，提高房价，然后卖掉。

这个工作一直很好,直到一家业务遍及全美的集团收购了这家公司,她将需要在美国各地出差,而不是偶尔出差一天。因此即便她很喜欢这个工作,她还是选择了辞职。她决定休息几个月想想接下来要怎么走。"这是我一生中为数不多的几次决定顺其自然的经历。"她说。

虽然林恩在她职业生涯的早期创立过一家科技公司,但她这次并没有打算自己创业。然而9月份辞职,到了感恩节的时候,她不仅和联合创始人安德里亚·巴雷特(Andrea Barrett)一起想了一个好主意——创建一个利用网络帮助父母找到合适、高质量保姆的网站,他们还招募到了一位工程师(他是她一个朋友的丈夫),他们一起着手建立这个网站。到了来年1月份,他们已经发展得很好了。

在招募工程师的时候,林恩担心,在拼劲十足的硅谷,作为一个创始人都是为人父母的人的公司,他们很难招到员工。他们的公司文化不是"中午上班,然后疯狂干到凌晨两点"。他们的文化是来了就赶快干活,然后五点下班,回家陪家人。事实证明,有很多非常优秀的工程师都有孩子,他们很高兴有一个公司不像大多数硅谷的公司那样需要通宵写代码。林恩说:"我意识到,在初创公司工作不需要一直冲刺,反而像半程马拉松。你不希望人们完全筋疲力尽。在在线保,大多数员工都已为人父母,但即使是那些没有孩子的人也很欣赏我们工作和生活兼顾的公司文化。毕竟,对于一家以照顾孩子为宗旨的公司来说,其他任何工作都是次要的。"

随着越来越多像林恩这样的女性攀升到高层，其他女性将有更多机会像男性一样享受为人父母的生活：个人的生活得到快乐和满足，专业上也得到了进步。我们的孩子是天然的力量来源。他们激励我们把工作做到最好，这可以给他们最好的支持，也会让他们自豪。

向上一步
power up

第八章　辞职、暂停、重来、成功

2004 年赛富时上市，以 1.1 亿美元的价格售出 1000 万股股票。当天收盘时，股票价格上涨了 55% 以上。这是对开发人员、销售人员、客户、创始人、董事会以及所有团队成员所付出努力的极大认可。客户喜欢我们，收入也在稳步增长。现在有了 IPO 资金，我们有了大量资源可以为下一个重要的阶段投资。作为公司的第一位董事会成员，能为公司下一步发展尽力，我感到自豪和兴奋。

我享受了一段巅峰时光。然后情况急转直下。每个人的职业生涯中都会有这种时刻：生命——无论是出生、死亡，或仅仅是生病——都会干扰我们的职业规划。我正为公司的新阶段努力奋进时，我的身体出现了问题，虽然我一直在努力调整，但还是恶化了。我的病可能会发展成一种慢性病，身体会极快地虚弱下去。

我去见医生时，还没有最终确诊，但正如经常发生的那样，我听到的是最糟糕的可能。医生建议我大幅削减工作量，这对我来说，简直和告诉我已经病入膏肓没什么两样。毕竟为了事业我努力打拼了那么久。如今，要我放下，那我之前的努力不就白做了？

减少哪些工作也是艰难的选择，最难的是退出赛富时的董事会。赛富时占据了我大部分的时间和精力，我无法在保持健康的同时维持那样的工作效率。

我让马克·贝尼奥夫马上来和我一起吃早餐。我告诉他："我得离开董事会了。"那天我们俩都很难受。他很失望也很关心我，但我没留给他任何提问的空间。

当时看来这是个正确的选择，但我现在不会这么"孤注一掷"。当时最坏的情况没有出现，我并没有将这种可能性列入计划。我觉得医生就差宣布我无法医治了，结果病情是可控的。随着时间的推移，我制订了新的策略，也适应了我的新常态。我当时做出这个决定由两个重大失误促成。

第一，我没有寻求他人的建议。如今我辞职的第一原则是：永远不要轻言放弃，先和几个信任的朋友聊一聊，他们可以提供不同的观点。当时除了我的丈夫，我谁也没有说，而我的丈夫当时和我一样非常感情用事。我们俩都不能对接下来会出现什么问题做出理性的判断。

第二，我犯了女性常犯的错误：我认为我必须完美，任何低于完美的标准都不可接受。具体来说，我认为身体有问题还占一个董事会席位是不负责的。于是我没有看情况随机应变，而是变得害怕和恐慌，草草做出决定。

在线保的林恩·帕金斯告诉我一个类似的事，同样说明我们女性在事业上对自己的要求有多苛刻。2012 年，林恩获得了 600 万美元的投资，一周后，她得知自己怀孕了。一想到要把这个消息告诉她的投资者，她就痛苦不堪。他们会觉得这 600 万美元的投资是个错误吗？或者怪她在筹款时没有对他们坦白自己怀孕的事？她非常紧张，于是一个一个地去找投资人，并精心准备了一套说辞，向他们强调，对公司的任何影响都是短期的。

他们的反应震惊了她。他们没有担心生意是否会受影响或者责备她作为首席执行官不够严谨，相反，他们对她表达了祝福。"你可能准备刚生完就回来工作。一定要让自己休息一段时间。"其中一个投资人说。（如果整个劳动力链条上的女性都能得到这样的回应就好了。）她解释说，她担心这会影响他们对她和她的公司的看法，他们摇了摇头，分享了他们投资的其他公司首席执行官做过的疯狂事情。

"一个故事是，有一位首席执行官突然宣布要进行为期 8 周的航海旅行去'寻找自我'，当时公司正处于一个非常重要的发展阶段，"林恩说，"所以这位投资者对我说，'你要请几周假生孩子？这有什么！况且你还会用你们自己的产品！这太好了'。"

虽然不是所有的投资者或者老板都有如此友好的反馈，你可以用和林恩以及许多成功的准妈妈一样的方式处理这个问题，增加自己的机会:"我怀孕了。这是我做的时间表和计划表,我百分百保证不会拖慢我们的进度。"做计划时要尽量详细,而且要以整个团队而不是你自己的利益为着眼点。

完美主义对某些人来说可能是天生的,但总体而言,女性似乎比男性更有完美主义倾向。这并不是我们有病,而是因为我们受到了制约。正如我的朋友帕蒂·哈特(Patti Hart)所说,她作为首席执行官和领导者,曾多次在重大打击中幸存下来,"社会对女性的要求往往更严格。每个人都在寻找女性身上的缺点,无论是身体上的还是形象上的。对于女性来说,要坚持下来就更难了,因为我们总觉得任何事都必须做到完美"。

在第六章我提到过我之前的一个习惯"玛格达琳娜抨击"。多亏了我的同事们,他们不厌其烦地告诉我,我对自己要求过高,以及普通人是什么样的水平。后来,打造赛富时的产品时,我接受了"够好了"的黄金法则。为了以比竞争对手低得多的价格提供高效的客户关系管理产品,我们必须找出对用户真正重要的20%功能。那些日子,我把"够好了"这一原则应用到了所有公务上。

完美主义从不为我们服务。当然,对于完美主义者来说,接受这个事实就像是为自己的草率、错误甚至失败找了一个廉价的借口。除了我们自己对自己的要求,我们也害怕他人的评判。但我们真的应该关心别人怎么看待我们的工作吗?我发现,相较于他人对自己的看法,自己的态度更有影响力。自信总是胜过完美。

我们必须给自己把事情搞糟的余地。否则我们就会过于焦虑，无法以最好的状态进入工作。同样，如果我们以他人的意见或想法做决定，或者以"合适"的做法来工作，我们欺骗的不仅是我们的事业还有我们的生活。

生活中我们不可避免地要受到别人的评判，但我们大多数人对此过于焦虑。当我问几位卓有成就的女性高管，她们会对自己的职业生涯做出哪些改变时，她们一致表示："少点焦虑！"

即使是最成功的、最"完美"的事业也有中断的时候，要么是我们主动退出，要么是被迫退出。如果我们可以把完美主义抛到脑后，按照自己的意愿做决定或者接受决定，那么在面对结果时我们可以少很多担心。

暂停不是污点

我在写简历时学到的最早的经验之一就是"填补空白期"——任何不能清晰地写出职位名称和岗位职责的时间段。不管是主动的还是被动的，从专业领域消失一段时间就会被认为可疑、有古怪。为什么有技术、有能力、有上进心的人要放弃薪酬暂时休息呢？

值得庆幸的是，这一建议和其他很多东西一样，很快就过时了。最近的简历可以写上在不同的公司来回跳槽、不同的工作经历，当然，还有空白期。30年前看起来像是职业精神分裂症或对雇主缺乏承诺的事情，如今似乎是为新经济中越来越多的企业家量身定制的。随着产假继续向家庭假转变，男性也加入女性的行列，抽出时间照顾老人和小孩，休假将变得不再那么受歧视。（清理过时的格言时，"人生只有一次"这句话也可以清理掉。）即使在不受欢迎的失业期，如果人们以积极的心态对待，也可以成就成功。

帕蒂·哈特是一个完美的破局者。她在超过15年的时间里一直担任直播电视集团（DirectTV）和品尼高（Pinnacle Systems）等重量级技术和通信公司的首席执行官，还担任过雅虎等公司的董事。最近，她担任国际游戏科技公司（IGT, International Game Technology）的首席执行官。这家公司主打男性喜欢的老虎机和视频游戏机，分公司遍布拉斯维加斯、蒙特卡洛等地。

帕蒂雇用过也解雇过许多高管，非常支持职业休假。她说，她合作过的一些最好的高管是那些休息了一段时间后重新回归的。他们精神焕发、创意满满、意志坚定。她认为休息是一种积极的方式，并敦促其他人采取同样的心态。

"休息不是你履历的污点。不同的人生阶段带给你不同的收获，"帕蒂说，"不要再认为休息是无所作为，要把它看作不同的经历。你可以把自己想象为一个跑者，但是在你之后的人生中，你不必每天都跑步前行。"

帕蒂说，无论你的暂时离开是为了照顾孩子、做志愿者工作，还是出于创作激情，关键是都要把它当作一项投资。你要能够清楚地告诉自己和他人，在"空窗期"你有了哪些改变。试着回答以下问题，例如：我如何充电？我学到了什么？我要怎么做才能有所不同？为什么我现在比以前更专业了？

尽管帕蒂连续担任高层领导职务的记录令人印象深刻，她的简历上也免不了有一两个"空窗期"，更不用说一些人尽皆知的失败经历了。她40多岁任AT&T（美国电话电报公司）的Excite@Home宽带网络高管时，公司破产、处境困难，她决定休息一年"到巴黎待着，什么也不做"。她选择到国外住是想让自己尽可能独立，看看脱离了自己熟悉的身份（母亲、首席执行官、老板）后，还能剩下什么。这段时间对她个人来说是变革性的，18个月后，她开始在品尼高担任新的首席执行官。

她离开品尼高后又休息了一段时间。她花了3年时间在各种公共、私人和非营利机构的董事会任职，有时也被称为组合型职业。在这段时间里，她学会了如何不动用权力，而是通过她绝妙的想法、高质量情报以及她表达的方式提高自己的影响力。与非营利组织合作是一个在服务他人的同时自我学习的机会。她接下来在IGT担任首席执行官时，对董事长和首席执行官之间的分工有了新的认识，这期间她对董事会的有效利用是之前无法比拟的。

从头再来

维持事业生涯的秘密非常简单，即使是在你暂时离开的时期：你可能离开了你的工作，但你没有离开你的专业领域。

谈到在巴黎的那一年，帕蒂很快明白，成功的休假不仅仅是对职业的重新规划。她的"纯休息"（不论在巴黎、伦敦还是纽约）基本上就是每天约人喝咖啡、共进午餐或者晚餐，她的休假都用来和其他人见面了。她知道她不会永远离开，所以她需要保持她的关系网（她称之为职业生活的"结缔组织"）的健康和强大。这些人会在你计划重新回归时为你提供帮助。帕蒂说："归根结底就是关系。"

你的关系网同样可以解决休假期间最实际的挑战，尤其是在科技领域：随着环境的变化，你的知识储备可能会跟不上时代的步伐。但你也可以将休假看作一个真正的机会，因为那些为工作忙碌的人没有足够的时间展望未来，为下一步大计划做准备。

在帕蒂休假期间，那些早餐上的谈话不仅补充她的人脉，也更新了她的知识。正如她说的："你需要知道外面现在是什么情况。仅仅通过报纸、博客或者其他什么平台获取信息是不够的。"聊天是我们从纷杂的信息中心提取有效信息的方法——当你在引导自己的学习进程时，这是非常重要的。

在我的咨询业务失败和第二个儿子出生后的一段时间里，我知道，如果我要继续走技术路线，我需要更新自己的专业知识。

我落伍了。所以准备重新开始创业后，我花了6个月的时间学习新知识——蓬勃发展但还没有建立起来的商业互联网领域相关知识，我觉得这将是下一个商业浪潮。我完成了我前面提到的第一个互联网用户研究，这使我有机会在第一次商业互联网会议上作为演讲者分享我的发现。

我也花了大量时间研究这个领域以及了解目前这个领域的所有玩家。像帕蒂一样，我也经常与人见面，亲身了解当下的互联网状况，弄清楚谁是主要玩家，目前正在使用什么技术，哪方面可以做得更好，以及未来的需求是什么。这一切都是为了寻找我可以填补的空白。当有人介绍我给丹·林奇认识时，我已经有一段时间没有工作了，但我告诉他我这段时间在干什么后，他觉得很有用。我用这6个月的时间报了一个速成班，学习的知识刚好是他所需要的，他需要这么一个人成为他在研究、学术界和政府之外开放互联网的合作伙伴。

现在你看到我的经历可能会说："很好，但谁能负担得起6个月的职业投资呢？"当然，我丈夫的收入维持着我们家的生活，我母亲还帮忙带孩子。但事实是，许多人找工作的时间都超过了6个月。不可避免的这段时间就被浪费了。这种集中投资的想法，不仅可以帮你对抗无助或无望，也可以决定你之后是炙手可热还是无人问津。尽管我对职业发展充满热情，但这并不一定非得孤注一掷。

真正的底线是，无论你的休假是几周还是几年，是自愿的还是被迫的，你都需要找到一种方法与你所在的领域以及业内的人保持联系。如果你打算转行，你需要对你想要进入的行业进行认真的研究，并着眼于你可以发展的具体技能。你不需要把日程排满，大多数人都不必如此。你真正需要做的是进行深思熟虑的评估，这样你才能在创新的同时缩小范围。思考如下问题：

- 谁是最重要的？重质不重量。优先考虑和那些可能给你提供实时情报以及能为你未来的发展提供机会的人保持联系。
- 一个月准备和几个人见面或打几通电话？如果你需要休假，那一定是有原因的。与人会面是次要的，要有一定原则，且要始终如一。
- 你如何才能最大限度地利用宝贵的外出时间？有时一对一的会面很重要，但参加一个会议你可能很快就会结识一群人。
- 你可以利用哪些资源保持与业内的联系？你不能也不用读所有的信息。仔细筛选，专注于你可以很快掌握的那方面。

当你准备好全力重返赛场时，不要绝望。即便你已经离开了很多年，你完全可以重塑自己，重新学个技能，重新定位自己。

逆 袭

如果想要证明一个职业不仅可以经受长时间的空白期，还可以经受突然出现的灾难，朱莉·温赖特是最好不过的例子了。朱莉 60 岁了，是我投资的一家公司——TheRealReal.com，一个专门出售正版奢侈品的网络平台——的首席执行官。通过销售玛丽莎·梅耶尔（Marissa Mayer）和科勒·卡戴珊（Khloe Kardashian）等的二手高定服装，该公司 2015 年的收入超过了 2 亿美元，2016 年更是翻了一番。简而言之，在经历了 10 年多的空窗期后，朱莉的创业取得了惊人的成功。

让我们回到 2000 年。如果你当时不在美国或不记得了，提醒一下，那是互联网泡沫破裂的一年。朱莉是 Pets.com 的首席执行官，它是一家线上宠物零售公司，也是最知名的网络公司之一。该公司曾耗资数百万美元进行广告营销和公关活动，如今声名狼藉的袜子木偶吉祥物在当时全国各大媒体上随处可见，包括《今日秀》和梅西感恩节大游行。

当市场暴跌，投资资本枯竭时，Pets.com 很快就破产了，其他许多网络公司也是如此。在 Pets.com 的辉煌时期，那些热情洋溢的正面报道，现如今加倍地变成了负面新闻，人们都在嘲笑它代价高昂、令人尴尬的失败。朱莉，作为它有名无实的领导，成了整个行业愚蠢和挥霍的代名词。她一出门就会遭到记者的骚扰，而且在旧金山湾区，她很容易被认出来，人们会在街上和活动中拦住她、嘲笑她。

"当时的文章都在说我是他们见过的最蠢的首席执行官，"朱莉说，"直到现在还有人仅仅因为我是史上最最最失败的首席执行官而想见我。实际上，Pets.com 并没有那么失败，但人们不想听。"

她的个人生活毫无起色。Pets.com 崩盘的那天，她不得不裁掉大部分员工，这对任何一位首席执行官来说都是难以置信的痛苦经历。公司宣布倒闭的那天早上，她丈夫向她提出了离婚——他无法承受如此大的压力。再加上她一直在努力打拼，"我们好像都忽略了应该要孩子这件事"。那时她已经 41 岁了，她突然陷入了焦虑之中，担心自己是否能够或者是否应该怀孕。（最终她没有孩子。）一些她最亲近的朋友也没有伸出援手。他们似乎过于相信那些新闻报道，没有给她真正的鼓励，无论是生活还是工作。

她说："所有这些事情交织在一起，形成了一个非常糟糕的局面。"她消沉了一段时间。一种从未经历过的情绪和心理上的低落包围了她。多亏之前的积蓄和遣散费，她可以很久不用工作——这是福也是祸，因为经济上的拮据可以让你不得不重新振作起来。

在几个月的隐居之后，她最终决定，无论再发生什么，她都不会再消沉下去了。"我刚下了决心。如果我让发生的事左右我，我会死的。我还太年轻，不能死。"她说。

不管你是否像朱莉一样事业一落千丈，但失误、失败和批评几乎是必经之路。也许有一天你可能会被裁员、解雇或者需要关闭一家公司。朱莉的经历为这些时期指明了方向。

朱莉是怎么卷土重来的？

首先，她决定先提升自己。朱莉开始怀疑，因为她女性的身份，她的失败被社会放大，导致了她个人的落魄以及公众的嘲笑。她想了想她认识的生意破产的男性。就像帕蒂·哈特喜欢说的那样，他们似乎就像有9条命的猫，而且似乎经常是四肢着地。朱莉回忆道："他们对失败的反应是，'那又怎样？'就像只是被浇了一盆冷水。所以我说，好吧，我得跟他们学着点儿，要不我会被这些事儿折磨死。"

正如米歇尔·奥巴马的名言："当别人往道德的低处走时，我们要继续向高处前行。"当人们对她进行刻薄的评论时，她不再放在心上。她开始注意到，当人们真正恶毒的时候，很少是针对你个人——他们是在和自己痛苦地战斗。

她还评估了自己的职业生涯。她提醒自己，Pets.com 只是我20年职业生涯中的两年，在其他时候我都非常成功："我知道我是什么样的人，不是人们口中说的那样。我重新找回了自信。"

开阔自己的眼界。灾难降临时，它可以帮助你逃离泥潭。朱莉开始去城外过周末，她会去洛杉矶，因为那里"没有人在乎"。当然拓宽视野不一定非得去旅行，也可以参加一些新的活动或者重拾一些旧爱好。

在《重启：改变人生的五个错误……我是如何继续生活的》一书中，朱莉谈到了她如何重新定义自己的身份。她开始意识到，在失败前，她把自己限定为两个身份有多狭隘：什么都清楚的聪明女人和已婚女人。一旦将"聪明"和"已婚"从她的公众形象中抹去，她意识到她一直依赖这些形容词衡量自己的个人价值，"没有留给我任何作为独立个体的空间"。

因此，她开始重新接触她曾经喜爱的东西，尤其是艺术和创作。她又开始画画，参加艺术活动。她用与她的职业形象截然相

缩短消沉的时间

只有人类才会为失去悲伤，即使那不是我们所爱的。我们为失去一次晋升、失去一位客户或信任的同事、失去一份工作机会而悲伤。向自己和他人承认你悲伤、受伤、崩溃或情绪低落是可以的。每个人都会遇到这种事。哀悼是疗伤和前进的一个自然组成部分。也就是说，我们需要主动缩短我们的哀悼时间，否则它会让我们不堪重负。

给自己一个重新振作的最后期限。不管你是否还沉浸在悲伤中，日期到了，就专注于下一个目标，为下一个成功而努力。有时候，采取行动是摆脱悲伤的最好方法，但这一步需要毅力——所以，把它写在便利贴上，贴在浴室的镜子上，这样你每天早上都能看到。

反的形象与邻近的社区重新建立了联系。最后，通过观看有趣的电影和寻找有趣的人，她重新找回了幽默感。

随着时间的推移她渐渐找回了自我，她会通过每天的生活和经历评价自己，而不是通过他人的形容。这个根本性的转变帮助她回到了一个让她感到安全和完整的状态。

最后，逆风翻盘。朱莉非常现实地考虑了如何重回商界领导地位。甚至多年之后，每当她与业内人士交谈或者接受媒体采访，人们还会提起 Pets.com。而且，她还担心高科技领域普遍存在的年龄歧视会限制她的选择。如今朱莉会心情明媚地说："没有人愿意雇用我，因为我现在老了。我有 Pets.com 这个黑历史又年纪太大了。我得自己想办法做点什么。"

朱莉一直在别人的企业中当首席执行官。现在她开始寻找商机自己创业。由于不想与亚马逊竞争，她列出了亚马逊比其他公司做得好的所有方面，以及不足之处。带着这一理念，她开始在日常生活中寻找机会。

4 个月后，她和一个朋友在一家精品店买东西。她的朋友还算富裕，一路把她拖到后面的一个小寄售区。她的朋友告诉她："我买的香奈儿（Chanel）、普拉达（Prada）、路易威登（Louis Vuitton）都是打折的。谁在乎这是不是别人用过的？看起来太好了。没人知道是二手的。我认识店主，我相信她卖的是正品。"

那一刻，朱莉脑子里开始萌发出一个商机：在线寄售商店，减少委托人和买家之间的摩擦，同时提供正品保障。经过 90 天的市场调研、竞争差异化和商业规划，她于 2011 年 3 月筹到了起始基金。又过了 90 天，网站建成。尽管如此，她用了一年的时间运营，销售额达到 1000 万美元后才去找风险投资家进行首轮融资。她认为如果不能证明自己的收支情况，以她之前的失败经历和女性身份很难筹集到资金。"即使如此，也不容易。"她说。随着竞争者的涌现，她知道她选对了方向，只要她可以维持现在的发展速度。

灾难的背面

如果你和我一样，眼下最需要面对的问题是完美主义和对失败的恐惧，在找到解决方案后你会感觉好很多：还是你的社交圈的问题。强有力的职业关系几乎可以帮助你渡过所有难关。就像任何一场职业失败一样，局外人看到的只是报纸白纸黑字的羞辱性报道。但在这些所有嘈杂背后，在你经受住了质疑，找到了真正的盟友之后，实际上是一场巅峰体验。如果你当时没有这样的感觉，我敢保证你之后会意识到的。

这是帕蒂·哈特的处理办法，我相信她。除了 Excite@Home 的破产，帕蒂还多次处于舆论中心。作为雅虎董事，她因聘用斯科特·汤普森（Scott Thompson）为首席执行官而备受指责，他涉嫌学位造假，这件事也导致她的学位遭到人们的质疑。后来，在她担任国际游戏技术公司董事长期间，一名激进投资者弹劾了她，对她所有方面，从管理水平到将公司的飞机公机私用，都表达了不满。

她挺过了所有艰难时期，甚至是连头条都没得上的更糟糕时期，她就像在平静时期一样：听从他人的建议，并且不把这看作自己个人的问题。她说："如果日常处理某件事的不仅仅是你自己，在出现问题时也不只是你的问题。"

她对危机的反应总是以坦诚的对话开始。她问周围的人，你还相信我吗？你还相信我们正在做的是对的事情吗？你觉得还有什么其他事情需要做吗？

帕蒂说："你们必须团结起来，检测自己的信念。我不认为这些负面的事情都是坏的，这些事情可以促使你审视自己。"

在遇到职业风暴时，帕蒂会向她的关系网寻求更多实际的支持和所需的信息。她把这称为解决问题101——她会观察，然后问自己："在面对某一问题时，哪些资源可以让我更加强大？"例如Excite@Home破产后，她给一位有类似经历的律师朋友打电话说："帮帮我。我不知道该怎么办。我不知道在这种情况下和在正常的操作环境下如何做出不同的决定。帮帮我。"

帕蒂说她花了"大量"时间维系她的关系网，所以现在她才可以打电话给某个人10分钟寻求帮助。在她看来，募集资金并不是大多数人寻求支持时面临的障碍，真正的障碍是他们不敢去寻求帮助。"他们认为自己知道所有的答案，然后就出发了。他们没有看到的是,在你寻求帮助的同时,你的关系网就会变得更广、更强大,在那一刻如此,在未来也是如此。然后你发现有人向你寻求帮助。"

辞职还是坚持到底?

如果说度过危机是维系人际关系的强力胶,那么在愤怒中辞职就是炸药。当你受到不公平的对待时,你很有可能一边跑一边尖叫甚至咒骂。但最终,这却与你想"保住"事业的初衷背道而驰。你反应过度,不能自控,断了后路却不明前路。你也没有为属下雇员做些努力改善他们的工作环境。

任何重大的职业决定——尤其是辞职——都不应该基于原始的情感。无论你觉得情况多么糟糕或紧急,都要先冷静,让此刻的肾上腺素稳定下来。如果你感到恐慌、害怕、屈辱或愤怒,你就不适合做出职业决定。最近,一位朋友告诉我,她认识的一位软件质量分析师发现她的工资明显低于团队其他成员(全是男性)。当她要求公司将她的工资提高到与之匹配的水平时,遭到了拒绝,尽管他们今年的财务收入创了新高。

盛怒之下,她和老板大吵了一架,然后决定辞职。但值得称赞的是,她首先向一群女性朋友倾诉。她们一致认为:"不要辞职!"她们让她先待在公司,向平等就业机会委员会(Equal Employment Opportunity Commission)提交一份人力资源投诉以及一份歧视案。她们还建议她可以准备好简历，但要等找到合适的机会再辞职。

对于以上建议，我可能会加一条，跟她的老板再谈一次，这次带上关于她工资的市场数据资料，以及同事对她工作质量的评价。有认真整理的高质量的具体材料的支撑，她的老板就很难对不公平待遇的指控说"不"了。

通常情况下，如果经历了特别糟糕的事情，人们往往选择"休息一段时间再思考下一步"，这是一个错误。休息动机应该是积极主动的——孩子、商业想法、激情——而不是一段不好的经历。我们陷入了一个陷阱，认为如果不逃离眼下的困境，就无法找到更好的出路。但我觉得保持工作状态更重要，而且如果可能的话，最好有固定的薪水。因为即使再冷静的人，也会因为没有积蓄或失业而感到焦虑。

例如，初创公司 Xuny.com 的创始人林恩·帕金斯，她告诉我，创业失败后她不情愿地找了份工作。Xuny.com 是 CafePress（一个礼品定制服务网站）的前身，但和 Pets.com 一样，它也没能在泡沫破裂中幸存下来。在发不下来工资后，她打电话关闭了它。"我不得不告诉投资者，他们的钱拿不回来了。我不得不解雇所有人，"林恩回忆道，"我建立了那支团队。我认为对我来说，最困难的事情是让曾经为我们工作过的人失望。"

当她关闭 Xuny.com 后，林恩发现自己身心俱疲。不知道该做什么，她到盖璞（Gap）应聘了中级分析师职位——她做这份工作不是因为热爱,只是为了拿一份薪水。那时她很痛苦,觉得自己退步了,从"一个领导者变成一个大组织里默默无闻的一员"。

事实证明,这是她为自己做的最好的事情。稳定的工作使林恩有时间思考她真正想要的是什么。同时她也有时间进行户外锻炼调养身体。而且她重新与之前的朋友们熟络起来,她当初创业的时候几乎与她们断了联系。

"这是一个很好的恢复期。我在那里工作了几年,仅此而已,"林恩说,"我准备回到原来的道路上,做一些更有趣的事情,就辞职了。"

辞职是一个重要的转折点。如果可以的话,你辞掉一份工作是为奔向你感兴趣的事情,而不是为了逃避某事。当放弃是唯一的选择时,在你走出那扇门之前,花点儿时间自我充电,尽你所能使人际关系正常化。短期内可能感觉不好,但从长远来看,对你是有益的。如果你是被迫离开,没有时间恢复正常的人际关系,那么当你有能力时,再重新建立与同事的关系。离开每一个工作和关系时,都要自信、坚强、不卑不亢。

向上一步
power up

第九章　给整个团体充电

在你的职业生涯中，你肯定会有一些权力，如何利用这些权力帮助他人进行自我充电，这一点越早开始考虑越好。事实上，即使在你被正式任命之前，我保证你们也能找到机会，使你们所在的新经济一隅不仅对女性更加包容、支持，而且对其他任何背景、宗教、种族或性取向的人才都是如此。一个简单的举动就会产生不同的效果，比如你可以建议公司扩大招聘的渠道，以吸引不同的求职者。我职业生涯中最大的回报之一，就是有机会担任销售部薪酬委员会的主席。我花了大量的时间和精力确保男女工资平等。当时，销售部门以外的女性很少，销售薪酬是由销售额决定的，所以这是一项相对容易的工作。在 2016 年，赛富时进行了一次内部薪酬审计，这是由两名女性高管蕾拉·塞卡（Leyla Seka）和辛迪·罗宾斯（Cindy Robbins）促成的，她们一起做了提案，然后直接向首席执行官马克·贝尼奥夫请示。最终的审计结果为 6% 的员工得到了加薪——包括男性和女性——公司花费了近 300 万美元消除显著的薪酬差异。第二年，在收购了几家公司之后，赛富时又进行了一次薪酬评估，为全球11%的员工加薪，又花了300万美元。

通常，在工作中维护多样性需要多次争取以及坚定的信念。与技术相关的企业，尤其是初创企业，往往发展迅速。公司需要处理的问题没完没了，人们都在争分夺秒，这就使人们倾向于放弃一些更高层次的事项。一个组织要提高多样性和包容性需要强有力的、经过深思熟虑的领导。

那么，什么才是实现公司多元化的有力途径呢？如果要说基本的原则，那就是：性别不只是女性的问题。招聘和绩效评估中如果存在偏见，每个人都会受到伤害。当公司遴选人才时如果是靠特权而不是能力，每个人都会受到伤害。同样，每个人都心存偏见，不仅仅是男性，但他们拥有更多的权力，所以他们的偏见会造成更大的伤害。这些问题影响着我们所有人。正如美国前总统贝拉克·奥巴马（Barack Obama）在《魅力》（*Glamour*）杂志上所写的那样："当每个人都平等时，我们所有人都更加自由。"

电力充沛的领导意识到，我们应该把男性变成我们的伙伴而不是我们的敌人。事实上，我们需要让他们成为积极的领导者，像女性一样极力倡导性别平等。不管你喜不喜欢，大部分权力仍然在他们手上，所以没有他们的领导，进展将非常缓慢（看看过去的30年）。长期担任美国风险投资协会（National Venture Capital Association）主席的凯特·米切尔给我讲了个故事，这是我们合作时"什么不该做"的缩影。凯特成立了协会的多元化特别小组时,与许多活动人士进行了交谈,希望尽可能多征求大家的意见。她回忆起曾经和一位女士的交谈,这位女士建议她们花钱在旧金山的 101 号高速公路上立一块广告牌,列出所有没有女性合伙人的风投公司的名字。凯特回应道:"我在寻找一些方法鼓励他们雇用女性。你认为羞辱这些人是改变他们的最好方法吗?"

凯特是完全正确的:羞辱是不起作用的,只会造成分歧和戒备。你知道还有什么不管用吗?配额。配额会造成一刀切,可能会导致招聘中出现双重标准,进而制造一种担忧,即员工被雇用的原因可能与他们的能力无关。这样的想法甚至会对你的团队表现和士气造成极大的破坏。

制订并实施政策是保护我们所有人不受偏见影响的唯一最佳手段,是我们所有人共同强大的最佳途径。

护栏与偏见

最近,一个和我关系很好的企业家给我打电话,他非常苦闷、惊慌。

"玛格达琳娜,你得帮帮我,"他说,"如果我做了一些事情,但我不是有意的,她们会埋怨我吗?"

他说,这周开会的时候,两位女同事指责他和公司的其他男性领导性别歧视。她们说女性没有被平等对待,接着她们列举了一些具体的事实证明。(这些女性做了充分的准备。点赞!)他形容这次会议就像对付两头饥饿的母狮,她们把他逼到墙角,然后要把他当午餐吃掉。他全懵了,有点防御心理,不知道接下来该怎么办。

跟他说笑了一会儿,我进入正题。

"这些女性的投诉合理吗?"我问他。他说他想了想,他们确实那么做了。"那就别管你会不会受责备。你现在已经意识到了。接下来唯一的问题是,你要如何解决这件事情。"

> 实现多元化最有效的途径非常简单,用实力说话,且不带任何偏见。

如果说我们在过去的30年里学到了什么,那就是你不可能在一夜之间改变一个人。有意识的、无意识的偏见和彻头彻尾的性别歧视在很长一段时间内都会存在,也许永远都不会消失。我们可以监督人们说什么,但管不了人们想什么。幸运的是,研究人员和倡导平等机会的公司发现,你不需要仔细揣摩人们的意图。与其完全消除个人偏见,不如找到方法消除工作过程中的偏见。实现多元化最有效的途径非常简单,用实力说话,且不带任何偏见。他们强调用最简单的方式进行改变,斯坦福大学克莱曼研究所的卡罗琳·西马尔博士称之为"帮助人们做出最佳决定的护栏"。她发现，大多数人都希望在不带性别、种族或宗教偏见的背景下做出最好的决定，聘用最优秀的人才。但是，正如医生虽然知道洗手的重要性，但还需要一些标志提醒他们一样，管理人员也需要这样的提醒。她说："我们想办法提醒人们，并在他们做决定时提供他们需要的东西。"

为了更好地理解，我们以网络托管公司 GoDaddy 为例。几年前，GoDaddy 在超级碗比赛中做了一个广告，人们认为这个广告物化了女性，于是 GoDaddy 成了众所周知的性别歧视的代表。这一争议引发了大众的抵制，公司内部人士担心，该公司的性别歧视名声可能会对未来的 IPO 造成不良影响。2013 年，该公司聘请布莱克·埃文（Blake Irving）担任新任首席执行官。从那以后，他一直在努力改变公司的声誉，并且在创造一种更加多元化、更具包容性的文化。除了 IPO 之外，这是明智的一步，因为该公司专注于服务小企业主。尽管 2015 年美国 70% 以上小企业主为男性，但女性业主的数量正在以更快的速度增长。简而言之，GoDaddy 想要继续保持增长需要女性客户的支持。

测试你的偏见

男人和女人都有无意识的偏见。不相信吗？你可以通过哈佛大学的内隐工程（Project Implicit）在网上做一个免费测试。https://implicit.harvard.edu/implicit/takeatest.html。

GoDaddy 的首席产品官史蒂文·奥尔德里奇（Steven Aldrich）告诉我，2015 年，GoDaddy 的员工开始与斯坦福大学克莱曼研究所合作，希望把公司打造成一个公平、包容的工作场所。我和史蒂文认识是因为林恩·帕金斯告诉我，如果要选一个男性合作者，他是最佳人选。多年前，林恩·帕金斯通过一位投资者认识了他，后来两人都参加了一场关于科技行业中的女性的小组讨论会议，就重新建立了联系。他是整个房间里唯一的男性。林恩问他为什么来，她记得他说："我看了看我们的办公室，意识到我们公司存在性别问题。"特别是，他知道女性重返工作岗位要面临的挑战，而且总的来说，他的女性同事更难获得成功。"我想知道我能做些什么。"他告诉林恩。就这一瞬间，林恩成了他的崇拜者。

史蒂文告诉我，在 GoDaddy，克莱曼研究所的工作人员仔细研究了员工的晋升流程——受雇、评估、升职——以寻找机会改善这一流程，从根本上消除偏见。克莱曼研究所还与 GoDaddy 合作，对什么是无意识偏见进行培训，帮助管理者和员工理解如何在工作场所做到公平。

克莱曼的研究人员参加了每年两次的校准会议。他们浏览了会议的评估文件和晋升流程。之后研究人员提供的反馈非常明确：消除模糊性，用一套清晰标准衡量员工的成功。

克莱曼的团队在研究美国各地的公司时发现，不确定性是无意识偏见渗入职业发展的主要渠道之一。当标准不明确时，管理者们无论男女，都认为他们评估的是员工的表现，但实际上，他们在无意识地以性别标准评判员工。例如，女性比男性更经常因为强势的沟通而受到指责。该研究所的研究主管卡罗琳·西马尔博士发现，总体而言，男性和女性管理人员对女性的评估标准都高于男性。

克莱曼研究所的团队与史蒂文和其他领导一起研究后发现，公司在衡量绩效产出方面做得不错，绩效产出是评估过程中的主要方面。像其他公司一样，该公司在"如何衡量"上有很大的提升空间，即如何衡量公司员工的价值观和行为。

史蒂文说："我们的评估过程对一些价值没有明确的标准，比如个人成果和团体成果。"然后领导们一起为每种价值都制订了一套简单的标准，规定什么样的贡献是重大贡献，并且不存在性别因素。他们鼓励经理们举出一些例子进行公开讨论，以进一步明确晋升的标准。所有这些工作加在一起，重新规划了评估和晋升程序以及评估形式。

史蒂文告诉我结果："简直是不可思议。"在与克莱曼研究所合作之前，在 GoDaddy，男性得到的晋升机会更多，因此薪酬增长也更显著。经过 18 个月的修订调整，这些差距消除了。"虽然这不是一夜之间改变的，"史蒂文说，"但基本上只用了一个半的审查周期，这真是太令人惊讶了。"

技能水平相似的男性和女性之间（尤其是在科技领域）确实存在薪酬差距。这种差距可能会影响个人的士气，从而影响到整个团队的工作质量。我相信女性有足够的力量为自己争取相应的报酬，但她们的公司和领导也应该帮助解决这一问题。最近，许多知名公司——包括苹果、英特尔、亚马逊和赛富时在这方面已经取得了进展，它们通过内部或第三方审计确保拥有相似经验和工作年限的员工拿到的薪酬相似。

对配额说"不"

史蒂文·奥尔德里奇直言不讳地承认，增加多样性会让公司变得更强大，从而使每个人都受益。我们也都认为，招聘人才的首要目的是找到最适合这个岗位的人。

"你需要仔细斟酌如何向广大群体说明你的用意，"他说，"如果告诉别人你必须雇用一个多元化的候选人，就会产生滑坡效应。你相当于制造出了一个争议，既不利于候选人也不利于公司。"换句话说，你不希望人们质疑得到这份工作的人是否有能力胜任。

我最近听闻了一家大型律师事务所发生的不幸事件。几年前，这家事务所发现几乎所有的员工都是男性，于是他们决定雇用一些女性员工。让这家事务所陷入不幸的原因是，他们没有一个明确的、量化的聘用标准。由于没有明确的要求，高级合伙人对女性雇员的资质倍感质疑，他们认为律所雇用她们不是因为她们资质优秀，而是为了完成律所多元化的聘用指标。因此高级合伙人避免让女性雇员参与更具挑战性的案件，怀疑她们是否真的有能力胜任。底线是，每个被聘用的人都需要遵守同样明确的招聘标准。

实现多元化的更好途径是打开招聘渠道。从不同的候选人中进行选择，并按照招聘的明确标准选择最适合该职位的人。这也就是说，要特别注意将招聘信息覆盖到女性及其他少数群体。现在已经有像 Power to Fly 和 Jopwell（卓唯咨询）这样的招聘公司，为雇主联系寻常渠道招聘不到的人。

但这也是产生实际矛盾的地方。经理们有目标和需要完成的项目。他们想尽快找到合适的人选，因此他们几乎只在自己的关系网内寻找。如果这些候选人恰巧是男性——当然大部分情况如此——他们的最终人选基本也是男性。他们很快就会说："我已经找到一个非常合适的候选人了。我把他带来大家见见吧。"

这个时候，像史蒂文·奥尔德里奇这个职位的人就应该站出来说："等一等。我们把这个招聘信息公示出来，确保公司的人都知道这件事情。你先别录用其他人，先看看有没有合适的女性。我不是让你必须聘用一个女性，但是你得花时间找找看有没有合适的人选。"

易集（手工艺品交易网站）在开放招聘渠道吸引更多的女性方面非常有创意。易集的领导者希望雇用更多的女性工程师，但他们发现前来应聘的初级候选人没有足够的实操经验。他们的解决方案是成立一个为期 3 个月的全日制新手学堂，为易集储备员工，不论男性还是女性。易集的投资者之一首轮资本公司（First Round Capital）在其网站上自豪地分享道，到2012年，仅仅举办了两届新手学堂后，易集的女性工程师人数就占到了18%。自那以后，易集的女性工程师比例以惊人的速度增长。

如何不带偏见地进行选择，斯坦福大学的西马尔博士提出了一个简单的建议。每个浏览简历的人手头都要放一份清单，上面列着该职位最看重的三条要求，然后每份简历都要对照是否符合这三条要求。这种专注于具体要求的方式优于职位描述——同样，它消除了模糊性。

西马尔直接与公司合作时，她要确保管理者从一开始就参与进来。她说："要让他们真正参与解决方案的制订，这样他们就不会觉得这是人力资源或克莱曼研究所或其他机构的事情。"他们一起制订了简单但有效的工具，比如清单，而不是那些让招聘经理的工作变得更加困难和烦琐的指导方针。

把你的价值观带到工作中去

作为领导者，你有责任定义和明确对一个组织来说非常重要的价值观。如果公司的员工不关心他们所做的工作以及这份工作对其他员工的影响，这家公司就得不到提升。

用你自己的价值观帮助你做决定，这也是恰当的——事实上，也是必要的，且在你职业生涯的每个阶段都适用。我们都是人，我们在工作中越能充分展现人性，就越能避免一些道德悲剧的发生，最近很多金融机构和科技公司都发生了类似的事件。

如果你身居要职，你就有机会将个人价值观融入公司文化——其中肯定包括人人平等、任人唯贤。但这还不够。在赛富时的前6年里，我能够扮演一个重要的角色，参与制订战略，与

生意上的多元化

有强有力的研究表明，拥有更多的女性员工，尤其是担任高级领导的女性员工，可以提高绩效。以下是一些最广为分享的统计数据，如果你主张改变的话，可以随手查阅：

- 性别多样化的公司收入比性别同质化的高出41%。
- 认为公司愿意接受多元化人才的员工之间合作度更高。
- 拥有更多女性高管的公司，其业绩要优于女性高管比例较低的公司。在《财富》1000强企业中，女性首席执行官的回报率是标准普尔500强企业中由男性主导管理的企业的三倍。
- 女性领导的高科技初创公司比男性领导的初创公司每投入一美元资本能产生更高的收入，失败率也更低。
- 董事会中女性人数较多的上市公司短期和长期财务表现明显更好。

员工直接互动，这对我来说意义重大。

价值观帮助公司和团队乘风破浪。赛富时上市后，公司的股票价格起起伏伏，马克·贝尼奥夫让我召集全体员工开会。在讲话中，我告诉他们不要拘泥于这些数据，这只会耗尽他们的感情。相反，我让他们用为公司的长期愿景和价值观所做出的贡献判断自己成功与否。我用了一个相关的比喻说明我的观点：作为一名水手，避免在汹涌的海水中晕船的最简单方法是，在看不到陆地的情况下，盯着目的地，或者盯着地平线。就在2015年，在赛富时的年度梦想之力会议上，一位中年男子把我拉到一边说："我记得你几年前的讲话。我现在还在看着目的地——我还保留着我的原始股份！"价值观与人们同在，即使当前的业务优先级发生了变化，价值观也在指导着人们。

我对赛富时最清晰的记忆之一，与任何业务上取得的成就无关。在赛富时工作了3年左右，我们召开了一次董事会电话会

确定自己的使命

想想自己的价值和愿景，把它们写下来，贴在工作的地方。定期问问自己以下问题：

- 我和公司的价值观相同吗？如果不同要如何做？
- 我的行为和我的价值观相符吗？
- 我是否向同事和员工阐明了我的价值观？

议，讨论一件紧急的事情。我和另一位董事会成员通着电话，等待着马克接入进来。我们闲聊了几分钟，之后又聊了几分钟，马克还没接入。你要知道，当时马克·贝尼奥夫还没有什么名气。我们当时还是一家小公司，董事会有权聘用和解雇首席执行官。虽然我们和马克的关系当然不是等级分明的，但他让老板们都在等他。

我给马克发了邮件，问他在哪儿。他马上回复："我在接另一个电话，马上加入你们。谢谢。"我非常恼火。我非常看重时间观念，也非常尊重同事的时间。

最后马克接入时，我阴阳怪气地说："请告诉我你迟到是因为你要和一个大客户签多年的合同。"

马克的回答令我震惊。

"我在和我祖母通电话。"他带着笑但又有些歉意地说。我一个人在办公室里，恍然大悟。我发现自己一下子从恼羞成怒变成了笑容满面。

"玛格达琳娜，如果是其他人的话，我肯定不会让你们等的，但这是我祖母。我不能挂她的电话。"对此我无法反驳！我最后说："马克，我只能说，希望我的孙子能有你这样的价值观，对长辈充满爱、关心和尊重。"

我确信我们接着进行了一次富有成效的通话，尽管我已经忘了那个"紧急问题"是什么。但在我的余生中，我都会记住马克·贝尼奥夫强烈的个人价值观，以及他不怕将这些价值观带到他的公司。

当你贡献的其他细节都被遗忘时，你的价值观和正直将被铭记。这是你的遗产。但更重要的是，它们是你最大的力量来源，为你自己和你周围的人带来积极的改变。

我的希望是，未来的科技领域不仅仅是有更多女性的参与或更多元化，而是形成一种每个人都可以自我充电的价值观。你打造的产品和服务有可能让世界变得更好，也可能适得其反。无论你是一名创始人、一名员工、一名中层管理人员还是一名活跃分子，你的选择将决定未来行业的形态。这就是新经济如此鼓舞人心的原因。认真对待这一责任，并将其视为一个难得的机会：这是一个超越自我的机会。

尾声　从零开始

最近,经常给我打电话的不是首席执行官马克·贝尼奥夫,也不是同为母亲的梅格·惠特曼,也不是任何硅谷的人,而是来自加州弗雷斯诺的单亲妈妈,还有像她一样的人。这位女士上班需要一辆车,但她不知道能不能获批贷款,如果可以,她每个月需要还多少钱。她很担心,因为她连800美元的医疗费都负担不起。我可以给她介绍一个贷款人吗?

我们俩通话是因为我是一家新的消费金融初创公司DriveInformed的联合创始人。我们的业务是帮助购买二手车的人获得贷款,并提高其成功率。这个行业我还不了解,与客户交谈是了解市场和客户需求的最好方法。我写了一本关于如何在新经济中取得成功的书,现在我又重头开始,接客户的电话,感觉自己完全像个新手。我不知道我们的公司在接下来的几年里会发生什么变化,会面临什么样的挑战,会得到什么样的回报。在很多方面,我又一次从零开始。

这是所有在技术领域打拼的人的未来。我的职业生涯从半导体开始,后来进入计算机行业,接着又转行做了软件、在线服务、互联网接入、电子支付、电子商务基础设施等。一路走来,我收获了一些智慧,但学习、摸索和谦卑是永远都不能放弃的。

那些成功的人不仅赞同这个观点，还身体力行。你不能只是做做样子，你要从心底里认同。

然而，这次的学习对我的打击比以往任何时候都要大。我们的市场针对的是数百万需要汽车贷款的人，包括那些有不良信用记录的不能向银行贷款的人。这些就是所谓的次级债，一个贬义词，一说到它就联想到历史上著名的银行业惨败，但超过一半的美国人都需要这种贷款。在那位来自加州弗雷斯诺的女士来电时，我用 DriveInformed 的技术和现有数据向汽车贷款机构证明，尽管她破产了，但她现在有能力支付汽车贷款。这是一个带有沉重情感的实际挑战：我正在努力寻找一个方案，能让这个女人的生活不会因为最近一次 800 美元的负债而被摧毁。

关于硅谷的话题我们已经谈论的够多了：如果和你谈话的每个人观点都和你差不多，你听到的就只有你自己的声音。之前我对此说法不以为然，直到最近我和来自美国不同地区、那些我从没去过的地方的人通过电话之后，我才对此有了强烈的感受。

有史以来第一次，我的核心业务是给当下没有精力自我充电的人充电。大多数人都是靠薪水过活，工作的目的就是生存。这段经历对我个人来说是巨大的改变。对我和公司的每个人来说，从工程师到投资者，我们的目的都是明确的，是我们做每一个决策的核心。我一直坚信工作的重要性，无论在哪家公司。但看到我们的产品和技术对数百万美国人日常生活的巨大潜在影响，我生出了前所未有的热情。

这段经历让我觉得有必要告诉你们：不要将工作局限于我们每个人周围自然形成的圈子。每天都要努力寻找新的方法去和与你背景不同、思想不同、认知不同的人交流。无论你的社交圈是硅谷的投资者、常春藤盟校的学生、社区大学的毕业生，还是和你一起从小长到大的朋友，这样做都需要付出努力。

任何封闭的圈子都会限制你作为商人和企业家的潜力。如果你只了解少数人，你永远无法经营一家服务于多数人的企业。如果新经济的未来是将技术应用到新兴领域和传统产业，很多机会是顶尖大学的圈子里接触不到的。我们这些处于领导层的人需要走出自己的社交圈，这样我们才能了解更多的客户，而不只是早期的使用者。

更重要的是，不管你处于什么位置，走出舒适圈是你拓宽自我以及实现个人抱负的最佳方式。在过去几个月，亲眼看到如此多为生活挣扎的人之前，我从没有这么强烈地为客户服务的使命感。更神奇的是，我要感谢我的长子贾斯汀·维克特（Justin Wickett）：DriveInformed 是他的创意。说起为人父母这件事——你的孩子可以让你成为更好的企业家！我的二儿子特洛伊·维克特（Troy Wickett）会定期在复杂的金融服务业上给我们提供建议。DriveInformed 招聘工程师时，我很高兴地看到如今的年轻人在加入公司之前，会对公司的使命感兴趣，并且愿意放弃更高的薪水，因为他们认为这些公司与他们的价值观相匹配。

当然，走出你的舒适圈，实现你的价值，并不需要每天都东奔西走。认识不同的人有很多方式，比如在旅行途中或者志愿者活动中。《纽约时报》最近的一篇文章巧妙地指出，对于那些处于招聘岗位的人来说，要做到这一点，可以通过"文化丰富"而不仅仅是"文化契合"确保应聘者来自各行各业。你甚至可以仅仅观看一部纪录片、读一本你不熟悉的领域或地方的书，或者通过网络结交一些朋友。但我更建议面对面地认识新朋友，自己真实地接触接触。

作为女性，我们越是紧密地肩负着让别人和自己一起进步的使命，我们的努力就越具有开创性，影响也就越深远。我相信这是商业和资本的未来。如今的消费者对公司的期望除了公关还希望它们有其他价值的输出，而他们用自己的钱包决定哪家公司做得更好。

但有一点要注意：即使你将一生致力于帮助他人，有些时候你也应该自私一点——你必须自私。作为女性，尤其是已为人母的女性，我们可能习惯以他人为先。这种动机很好，我相信它是成功的强大驱动力。但这取决于你如何平衡，在付出的过程中不自我亏欠。

我们可能无法控制周围的环境、市场对我们产品的反应、客户的预算、竞争对手的行动、老板的观点、团队的行为，或者我们的配偶、伙伴、孩子，甚至我们自己的身体。每一个生命，每一个职业都有需要面临挑战和彻底失败的时刻。这时，最重要的是不要气馁，努力生活，相信自己。这不仅是我们与他人的关系，也是我们与自己的关系的终极指南。自我充电永远是一个选择，而且我敢保证，是最佳选择。

马上就要和大家说再见了，我也象征性地在你身后泼一桶水，就像我离开家乡来美国生活时我的父母和邻居做的那样。以下是我对你们的期望：愿你像河水一样，虽然有时湍急，有时平静，但始终朝着你向往的大海前行。

致　谢

如果没有塞尔玛·耶希尔——我母亲无私的爱和全力的支持，我的生活和事业都不会如此成功。感谢您，妈妈，感谢您的一路陪伴。我所有的幸福都归功于您。我还要感谢我的父亲沃基安·耶希尔，您才是《向上一步》的作者。在这本书里，我分享的是您的教导，这些教导对我大有裨益，尤其是您不在的时候。感谢您在我很小的时候就教会我自我充电，也感谢您在女孩儿们不被允许这样做的时候给了我这样的机会。我也感谢您灌输给我的冒险精神和赋予我的独立自主的天赋。它们让我在整个职业生涯中敢于冒险。

我非常感谢那些在我的生活中帮助我自我充电的人：

UAKL76 的同学们，我在基纳利和摩达的朋友们，感谢你们的友谊和支持，感谢你们让我在背井离乡的境遇中感受到家的温暖。

我所有的雇主和老板，感谢你们在工作上给予我的特权，感谢你们帮助我变成一位商人，感谢你们毫无保留地肯定我的成功。

所有和我一起工作过的各运营公司的团队以及投资组合公司的管理团队，没有你们的合作、努力和奉献，就不会有我现在的成就。你们把每天的工作变成了一场冒险，把解决难题变成了趣味挑战。我很荣幸能与你们每一个人共事。

在我的职业生涯中，有很多值得学习和效仿的榜样和赞助商。丹·林奇，我两家公司的合伙人，你教会我如何在创业最黑暗的日子里保持乐观；埃里克·施密特，感谢你的合作，感谢你对我创业生涯的支持；欧文·费德曼，我在 USVP 的合伙人，感谢你分享的关于人生和早期投资的宝贵智慧；桑迪·罗伯逊（Sandy Robertson），感谢你在赛富时和 RPX 公司董事会展现的领导力；克雷格·拉姆齐（Craig Ramsey），感谢你在赛富时薪酬委员会和 DriveInformed 工作期间对我的帮助；加里·马蒂亚森（Garry Mathiason），感谢你在组织行为的复杂性方面给予的指导。我非常幸运有你们的支持鼓励。

马克·贝尼奥夫，感谢你在我们创建赛富时的过程中对我的信任和信心，感谢你为公司的倾情付出。你是一位了不起的领导者，不仅是赛富时和云计算运动的领导者，也是性别平等的领导者。非常感谢你为《向上一步》写的精彩序言。

帕克·哈里斯，从第一个电话开始，我们一直合作愉快。看着你在过去几年取得的进步，我自惭形秽。弗兰克·多明格斯、戴夫·莫伦沃夫、吉姆·卡瓦莱里、吉姆·斯蒂尔、考特尼·布罗德斯、史蒂夫·加内特、戴夫·奥里科、南希·康纳利、弗兰克·范·维南达尔、史蒂夫·卡布瑞、邹田、保罗·中田、凯琳·马罗尼，感谢你们的奉献和辛勤工作。

还有富有远见的索尼娅·帕金斯和詹妮弗·芳斯塔德，她们是我在百老汇天使的共同创始人，帮助了无数女性实现自我充电。我就是这些受到帮助的女性之一。

DriveInformed 团队，感谢你们惊人的能量和对我们使命的奉献。

感谢史蒂夫·马尼恩、乔治·蒙茨、斯蒂芬妮·阿尔斯波克和比尔·内梅切克帮助我在一个全新的行业中自我充电。

我的家人，在我的职业生涯中给予我始终如一的支持，对于我妻子和母亲的身份给予无限包容。吉姆，感谢你这么多年来对我所追求的事业给予的无条件支持，也感谢你作为倾听者给予的有效反馈。贾斯汀，感谢你在多个项目上的合作，感谢你让我在10年后重新开启创业之路，并让我了解到我们服务的消费者是最重要的客户。特洛伊，感谢你睿智的商业建议和超越年龄的洞察力。我也感谢你们在有限的圣诞假期里阅读、编辑我的手稿，并给我详细的反馈和修改意见。

图书在版编目（CIP）数据

向上一步：硅谷创投女王的精神和物质双独立法则 / (土) 玛格达琳娜·耶希尔著；王含章译. -- 北京：九州出版社，2023.1

ISBN 978-7-5225-1443-7

Ⅰ. ①向… Ⅱ. ①玛… ②王… Ⅲ. ①成功心理—通俗读物 Ⅳ. ①B848.4-49

中国版本图书馆CIP数据核字(2022)第224703号

Power Up: How Smart Women Win in the New Economy
Copyright © 2017 Starhill Associates
This edition published by arrangement with Da Capo Press, an imprint of Perseus Books, LLC, a subsidiary of Hachette Book Group, Inc., New York, New York, USA. All rights reserved.

著作权合同登记号：图字 01-2023-0329

向上一步：硅谷创投女王的精神和物质双独立法则

作　　者	［土］玛格达琳娜·耶希尔 著　王含章 译
责任编辑	张艳玲　周春
地　　址	北京市西城区阜外大街甲35号（100037）
发行电话	（010）68992190/3/5/6
网　　址	www.jiuzhoupress.com
印　　刷	天津中印联印务有限公司
开　　本	889毫米×1194毫米　32开
印　　张	7.5
字　　数	148千字
版　　次	2023年1月第1版
印　　次	2023年6月第1次印刷
书　　号	ISBN 978-7-5225-1443-7
定　　价	52.00元

★ 版权所有　　侵权必究 ★